算法
与人工智能

王肃　刘艳　刘垚　陈优广　曾秋梅　杨云　苏斌　王伟　编著

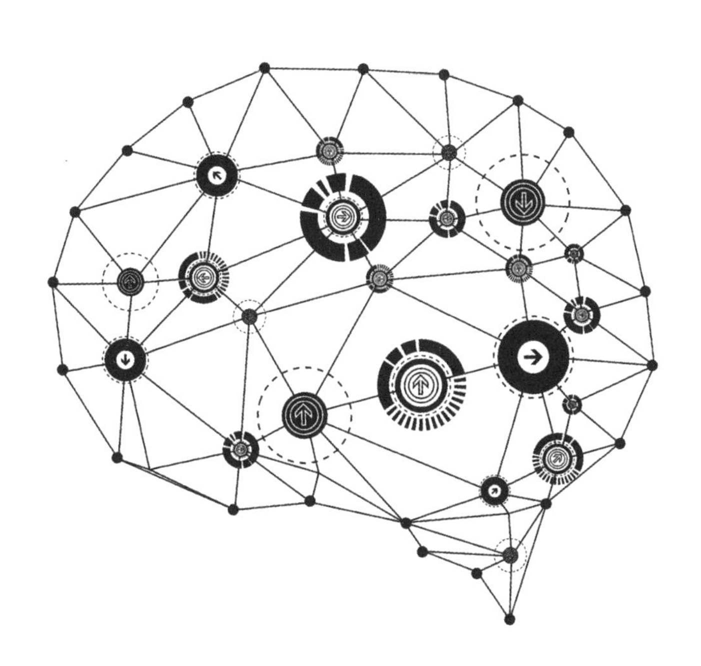

上海科技教育出版社

图书在版编目(CIP)数据

算法与人工智能/王肃等编著. —上海:上海科技教育出版社,2024.3
(全民数字素养与技能提升丛书)
ISBN 978-7-5428-8088-8

Ⅰ. ①算… Ⅱ. ①王… Ⅲ. ①算法分析②人工智能 Ⅳ. ①TP301.6②TP18

中国国家版本馆CIP数据核字(2024)第002764号

责任编辑 丁 祎 韩 露 张家明
装帧设计 李梦雪

全民数字素养与技能提升丛书
算法与人工智能
王 肃 刘 艳 刘 垚 陈优广 曾秋梅 杨 云 苏 斌 王 伟 编著

出版发行 上海科技教育出版社有限公司
(上海市闵行区号景路159弄A座8楼 邮政编码201101)
网 址 www.sste.com www.ewen.co
经 销 各地新华书店
印 刷 常熟兴达印刷有限公司
开 本 720×1000 1/16
印 张 14
版 次 2024年3月第1版
印 次 2024年3月第1次印刷
书 号 ISBN 978-7-5428-8088-8/G·4800
定 价 48.00元(含数字课程)

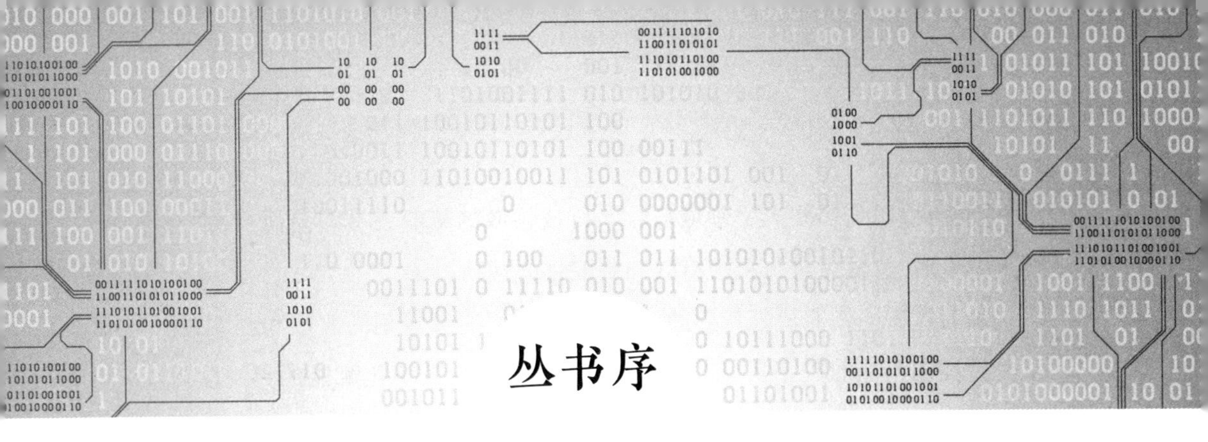

丛书序

随着数字社会的加快到来,全民数字素养与技能水平日益成为国家综合竞争力和软实力的关键指标。2021年11月,中央网络安全和信息化委员会印发《提升全民数字素养与技能行动纲要》,对提升全民数字素养与技能作出部署。2023年2月,中共中央、国务院印发《数字中国建设整体布局规划》,提出到2025年,数字基础设施高效联通,数据资源规模和质量加快提升。

快速发展的数字技术和人工智能,使传统的教育体系无法及时解决各种数字鸿沟问题。这些问题包括但不限于:

◆ 新技术、新工具越来越快地渗透到学习、工作和生活的方方面面,各年龄层的人都会面对新的问题,需要不断学习新的工具。

◆ 现实世界与数字世界的融合,带来大量信息与事实查核的负担。普通人面对超载的信息流,难以辨别社交媒体中涌现的各种错误信息(misinformation)和虚假信息(disinformation),大大增加了认知偏差甚至族群分裂的风险。

◆ 理解计算机科学原理、掌握计算思维和数据思维、正确运用各种数据工具,已经成为一种不分专业领域的通识能力,但大部分人缺乏获取这种能力的渠道。

◆ 人工智能技术加速演进,很可能催生新的产业革命和工作岗位重构,所有产业领域都需要进行深入的数字化、智能化创新思考及尝试,但大部分人缺乏获取相关必要能力的渠道。

◆ 数字化进程中潜在的安全风险正在增加,相关的道德伦理与法律建设相对滞后，迫切需要人文领域与数字科技领域的从业人员相向而行，并与政府监管者、立法者进行积极有效和制度化的互动。

所有这些问题需要教育界的重视，需要我们通过深刻的改革和创新，建立一个面向全民的数字素养与技能提升体系，一个数字化赋能的终身学习体系。

学习本来辛苦，终身学习则更加不易，但上述问题是全人类都将面临的挑战。只有那些能够克服挑战、不断提升自己的人，才能够建立显著的竞争优势，对国家与民族也同样如此。我们作为教育界的一分子，力求为全民提供数字化赋能的、高效的、可持续改进的终身学习服务，包括：

◆ 以数字素养与技能提升为抓手，从理念、方法、工具等各层面促进更多人加入终身学习的行列中。

◆ 通过数字能力标准测评了解全民数字素养与技能水平现状，有针对性地研发高品质、易推广的数字素养与技能提升课程产品，并进一步面向不同人群、针对不同的提升目标，提供丰富的数字素养与技能提升路线图及解决方案。

◆ 建立数字能力测评与提升的标准体系，充分结合体制内外的教育产业链，共同为全民提供数字素养与技能提升服务。

2023 年初，华东师范大学依托国家级全民数字素养与技能培训基地，发布了中国版《数字素养框架》，并以此作为上述服务的基础。该框架描述了面向全民的数字素养与技能包含的领域，以及在各个领域中具体素养的不同成熟度水平。该框架参考了欧盟的《公民数字竞争力框架》(*The Digital Competence Framework for Citizens*)和联合国教科文组织的《全球数字素养框架》(*Digital Literacy Global Framework*)，结合中国自身特点，从通用数字设备和应用软件、信息与数据、沟通与协作、创建数字内容、构建数字工具、数字安全、数字思维与问题解决，以及特定职业相关等 8 大领域，构建了包含 30 种具体素养、5 种成熟度水平的数字素养框架。

教育数字化转型的核心是提升学生的数字素养，培养数字化人才，而数字化人才培养的重要抓手是数字素养框架。只有明确了数字素养框架，才能确定要培养哪些数字素养,并基于数字素养开发课程和选择教学模式与方法,最后对学生的数字素养进行评价,确保数字化人才培养的成效。本丛书正是在这样一个大框架下,试图系统地梳理上述内容,为广大读者提供一系列精品课程和教学内容,全面落实"数字素养与技能提升"的目标。

希望本丛书的出版能够为我国的网络强国、数字中国、智慧社会的建设作出一份贡献。

数字素养提升宣言	
完整版	关键词版
提升探索与学习能力比掌握静态知识更重要	learning to learn
计算机科学普及教育是提升全民数字能力的最佳途径	computer science for all
有趣又实用的课程是成功的关键	next generation digital courses
用好大众喜闻乐见的数字教育和媒体工具	e-learning on any platform
构建全民参与的终身学习社会	everyone and everywhere

全民数字素养与技能提升丛书编写组

2023 年 5 月

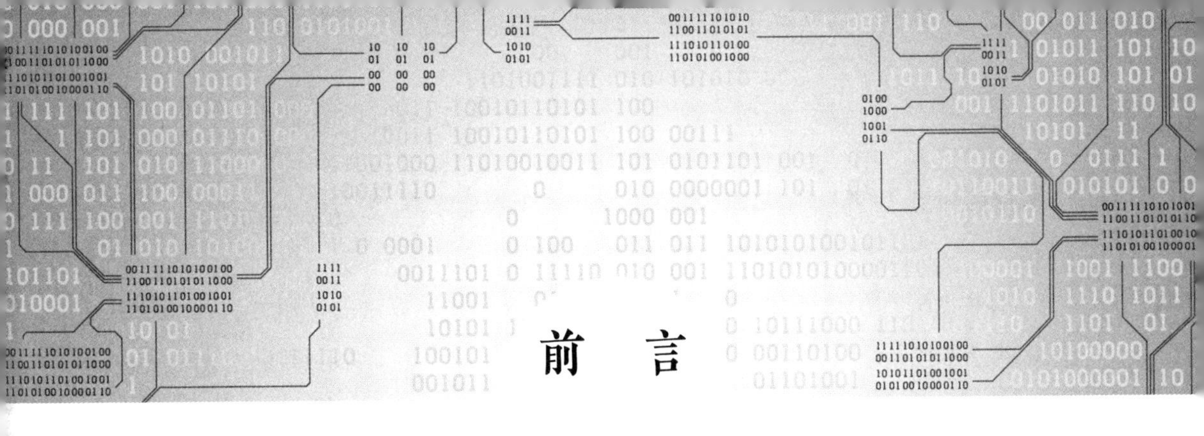

前　言

2021 年 11 月，中央网络安全和信息化委员会印发《提升全民数字素养与技能行动纲要》，明确提升全民数字素养与技能是顺应数字时代要求，提升国民素质、促进人的全面发展的战略任务，是实现从网络大国迈向网络强国的必由之路，也是弥合数字鸿沟、促进共同富裕的关键举措。以"数字素养与技能提升"为目标的高校计算机通识教育的改革，既是全民数字素养与技能提升的必要路径之一，也是提高高等教育教学质量的一项创新改革举措。

在高校现阶段的计算机通识教育中，新生的计算机水平参差不齐，既有基础扎实、数字素养较好的学生，也有基础薄弱的学生。若给新生讲授相同的教学内容，必然导致有些学生"吃不饱"，有些学生"吃不了"。尽管很多高校会按学生的专业将计算机公共课分成几个不同的教学大类，便于教师开展分层教学，但同一大类上千名学生的计算机水平差异仍然不容忽视。因此，有必要在新生入学时，借助教材、教学平台和个性化学习系统，帮助学生补短板，让学生的计算机基础水平得到迅速提升，为后续课程的学习打下坚实的基础。这正是本系列教材编写的初衷，也是提升全民数字素养与技能的重要一环。

本系列教材既可作为高校计算机通识课程的入门教材或高校新生学习计算机基础核心知识的参考教材，也可供高中生根据自身能力、兴趣或需要进行自主选学。教材具有零起点、知识覆盖面宽、知识点讲解浅显易懂、基础知识和应用紧密结合等特点。

《算法与人工智能》是本系列教材的第四册，为大学新生介绍算法与人工智能的知识，发展学生基本的算法思想和人工智能素养，为后续的学习打基础。

本书共6个单元，第1单元算法基础，主要介绍描述算法的常用方法及算法的基本控制结构；第2单元常见算法及应用，详细介绍了贪心算法、分治算法、动态规划算法、回溯算法等常用算法，并结合具体问题开展编程实践；第3单元算法分析，主要介绍排序算法的原理与实现方法，并分析了利用算法求解问题的时间复杂度和空间复杂度；第4单元人工智能基础，主要介绍了人工智能的研究内容与常见应用，并分析了人工智能典型的技术和算法；第5单元神经网络与深度学习，主要分析了神经网络的构成与实现原理，并介绍了深度学习的概念和常用框架；第6单元人工智能的实现与应用，介绍了自然语言处理、计算机视觉等应用的基本概念与常见技术，并探讨了人工智能面临的机会与挑战。

本书配有多媒体课件、在线练习、在线实训等丰富多样的学习资源，读者可通过“水杉在线”网站（https://www.shuishan.net.cn/education/）获取。本书及线上资源的疏漏及不妥之处，恳请读者批评指正。如有任何意见和建议，请发送邮件至 dl4all@126.com。

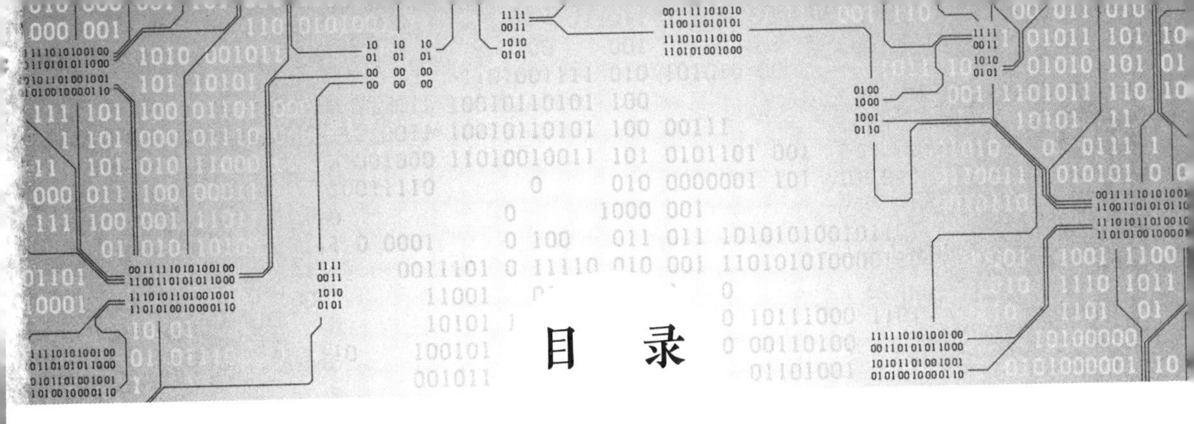

目　录

第1单元

算法基础

无人驾驶汽车系统已经成为未来交通发展的重要方向之一，它正慢慢改变着人们的出行方式。无人驾驶汽车有望在未来几十年内成为主流交通工具。

无人驾驶汽车是通过车载传感系统来感知外界的道路环境，如车辆位置和障碍物信息，从而自动规划行车路线并控制车辆的转向与速度，最终到达预定目的地的智能汽车。完善的无人驾驶系统能保证车辆安全可靠地在道路上行驶，不仅可以避免一些因失误而造成的交通事故，还可以避免酒后驾驶、恶意驾驶带来的严重后果，从而有效地提高道路交通的通畅性和安全性。

无人驾驶通常具备三个系统：感知系统、决策系统和执行系统。其中，感知系统可以通过激光雷达、摄像头、超声波、惯性导航等传感器来采集环境数据，这些数据经过计算机处理后生成车辆周围的三维地图和障碍物信息；决策系统可以对感知系统收集到的数据进行分析和处理，从而做出最优的驾驶决策；执行系统会根据决策系统做出的决策来自动控制车辆的行驶、转向、制动等。这三个系统的功能其实是通过"感知识别"算法、"决策规划"算法和"控制执行"算法来实现的。可见，算法在无人驾驶中起到了非常重要的作用。

在当今快速发展的世界里，科技正成为国家繁荣与进步的引擎，物联网、云计算、大数据、人工智能均已渗透到各个领域，不断改变着人们的学习、工作和生活方式，推动着社会的发展。算法是用计算机解决问题的基础，了解算法、学习算法、对算法进行深入研究，可以帮助我们高效地分析问题、解决问题。

本单元就让我们一起来理解什么是算法，算法是如何帮助人们解决问题的，并掌握描述算法的常用方法及算法的基本控制结构。

学习目标

1. 理解算法的概念，能从生活中发现并认识算法。
2. 掌握描述算法的几种方法。
3. 理解任何算法都由基本结构组成，掌握算法的三种控制结构。

1.1

算法概述

算法是解决特定问题的一系列有限步骤的描述，简单地说就是解决问题的方法和步骤。算法可以是一个计算公式，也可以是一个完成日常工作的流程，只要是按照特定的顺序执行某些步骤，解决了某个问题，就是一个算法。

1.1.1 认识算法

我国南宋秦九韶的数学著作《数学九章》中，记述的中国剩余定理、三斜求积术和秦九韶算法，都描述成算法，主要应用于数值运算。除了应用于数学，工作和生活中人们为了完成某个任务而执行的一系列步骤，也是算法。可以说算法无处不在。

例如，3D 打印是一种以数字模型文件为基础，运用粉末状金属或塑料等可黏合材料，通过逐层打印的方式来构造物体的技术，可用于制造模型也可用于一些产品的直接制造，在工业、建筑、航天、医疗等许多领域都有应用。3D 打印的算法如下：

① 建立 3D 模型；

② 对模型进行缩放和修补；

③ 模型分层；

④ 打印控制、效果评估、工艺改进；

⑤ 打印实物。

算法通过执行者（可以是人也可以是计算机）根据算法的每一步要求进

行操作，并得到最终结果。算法是将人们处理问题的步骤精确细化，去除分歧，从而使问题得到更好的解决。我们在用计算机解决问题时，需要用计算机能够理解的语言来描述解决问题的各个步骤，并输入计算机，使之能按照算法来解决问题。

算法具有以下 5 个重要特征，如图 1–1 所示。

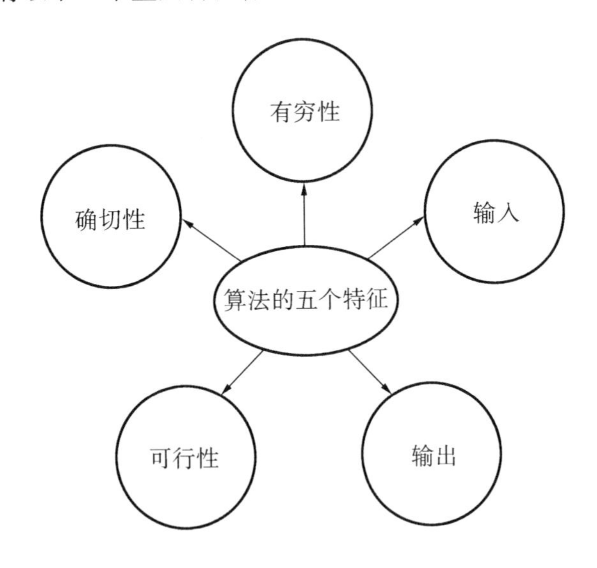

图 1–1　算法的 5 个特征

(1) 有穷性

算法的有穷性是指一个算法在执行有限步骤后必须终止。

在前面的 3D 打印算法中，整个算法到实物打印结束即终止。无论算法的复杂性如何，其操作步骤必须是确定的。

(2) 确切性

算法的确切性是指执行的每一个步骤必须有确切的定义。

对于上面的 3D 打印算法，无论是建立 3D 模型，还是对模型分层，每一个步骤的定义都是明确的、具体的，这样才能符合确切性的要求。

(3) 输入

算法的输入是指一个算法必须有 0 个或多个输入，用来刻画运算对象的初始状况，所谓 0 个输入即算法本身已经给出了初始条件。

在上面的3D打印算法中，为了完成算法，需要输入一些信息。例如，在建立3D模型时需从外部获取所需打印实物的所有参数和指标，如果所有数据均已包含在算法中，输入项也可以是0。

（4）输出

算法的输出是指一个算法有一个或多个输出，用来呈现对输入数据进行处理、计算后的结果，没有输出的算法是没有任何意义的。

对于上面的3D打印算法，输出项即为最后打印出的实物。一个算法至少需要包含一个输出，它是算法的执行结果，表示问题得到了最终的解决。因此，没有输出的算法是没有意义的。

（5）可行性

算法的可行性是指算法中执行的所有计算步骤都能够被分解为基本的可执行的操作步骤，即每个计算步骤都能够在有限的时间内完成。

在上面的3D打印算法中，每一个步骤都是可执行的，且都能够在有限的时间内完成。

做饭、洗衣的步骤是不是算法？是否符合算法的5个特征？

1.1.2 算法的描述

算法是对问题解决过程的精确描述，描述算法的方法有很多种，常用的有自然语言和流程图，也可以使用伪代码或程序设计语言等来描述。

1. 用自然语言描述算法

自然语言就是我们日常交流、表达所用的语言。

【例1-1】欧几里得算法（又称辗转相除法）是用于计算两个非负整数的最大公约数的算法。使用自然语言来描述该算法。

【例1-1解答】

计算两个非负整数 m 和 n 的最大公约数：

① 若 n 是 0，则最大公约数为 m。

② 否则，将 m 除以 n 得到余数 r，m 和 n 的最大公约数即为 n 和 r 的最大公约数。

用自然语言描述算法通俗易懂，不需要特别的学习和训练，但也存在着明显的缺点，如容易产生歧义等。

2. 用流程图描述算法

流程图用一些图形符号表示规定的操作，并用带箭头的流程线连接这些图形符号，表述操作方向的进行。我们可以参照表 1-1 来绘制流程图。

表 1-1　常用流程图基本图形及其功能表

图形	名称	功能
（圆角矩形）	开始、结束符	表示算法的开始或结束
（平行四边形）	输入、输出框	表示算法中数据的输入或输出
（矩形）	处理框	表示算法中数据的运算处理，只有一个入口和一个出口
（菱形）	判断框	表示算法中的条件判断，通常上面的顶点表示入口，根据需要选用其余顶点表示出口
（箭头）	流程线	表示算法中的流程方向
（圆）	连接点	表示算法中的转接

【例 1-2】画出欧几里得算法对应的流程图。

【例 1-2 解答】

流程图如图 1-2 所示。

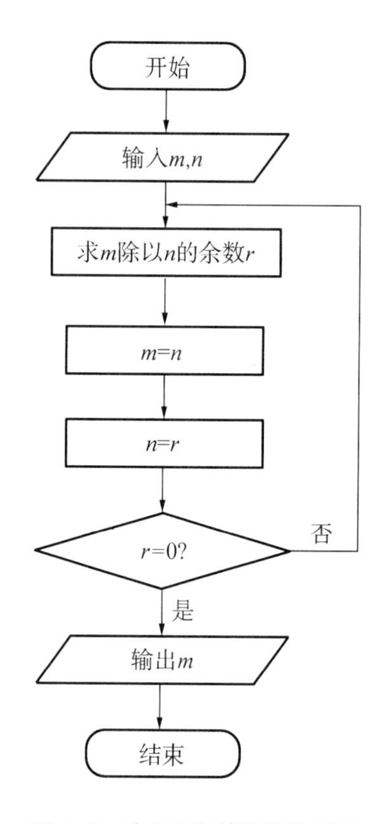

图 1-2　欧几里得算法的流程图

流程图描述直观,容易理解,但不能在计算机上直接运行,最终还是需要转变为计算机能理解的程序设计语言,即计算机程序。

3. 用伪代码描述算法

伪代码是一种非正式的,用于描述算法的语言。伪代码介于自然语言和计算机程序设计语言之间,它结构清晰、代码简单、可读性好,不用拘泥于具体实现。当我们从考虑算法功能实现的角度出发,而非具体到某一种编程语言时,通常选用伪代码描述算法。

【例 1-3】用伪代码描述欧几里得算法。

【例 1-3 解答】

```
Begin
    输入 m,n
    Do
```

```
    m 对 n 取余,结果赋值给 r
    if r=0 then   n 是最大公约数
    else
    以 n 为 m;以 r 为 n
    While r 不等于 0
    输出 n
End
```

4. 用计算机程序设计语言描述算法

前面介绍的三种描述算法的方法,计算机都无法理解并执行。如果要使用计算机解决实际问题,就需要将算法通过某种计算机程序设计语言描述出来,即编写程序。计算机程序设计语言的种类繁多,已公布的有上千种之多,但是只有很小一部分得到了广泛的应用。

从发展历程上看,程序设计语言经历了 4 代发展:第一代——机器语言,能被计算机直接识别和执行,但难编写、难修改、难维护,已经被逐渐淘汰;第二代——汇编语言,与机器指令存在着直接的对应关系,可直接访问系统接口;第三代——高级语言,面向用户的、基本上独立于计算机种类和结构的语言,易学易用,通用性强,应用广泛;第四代——非过程化语言,面向应用,为最终用户设计的一类程序设计语言。不同语言特点不同,适用领域也不同,实际应用时可以根据需要和所要解决问题的特点来恰当选择。

【例 1-4】用 Python 编程求解欧几里得算法。

【例 1-4 解答】

```
m = int(input("m = "))
n = int(input("n = "))
r = m% n
while(r! =0):
    m = n
    n = r
    r = m% n
```

```
print("最大公约数是:",n)
```

我们在解决问题时该选择何种方法来描述算法?

1.1.3 算法的控制结构

一个算法的功能结构不仅取决于所选用的操作,而且还与各操作之间的执行顺序有关。算法有三种基本控制结构:一是顺序结构,顺序结构是一种基本的控制结构,它按照语句出现的顺序执行操作;二是选择结构,选择结构又被称为分支结构,它根据条件成立与否来执行操作;三是循环结构,循环结构是一种重复结构,如果条件成立,它会重复执行某一循环体,直到不满足条件为止。三种基本控制结构如图 1–3 所示。

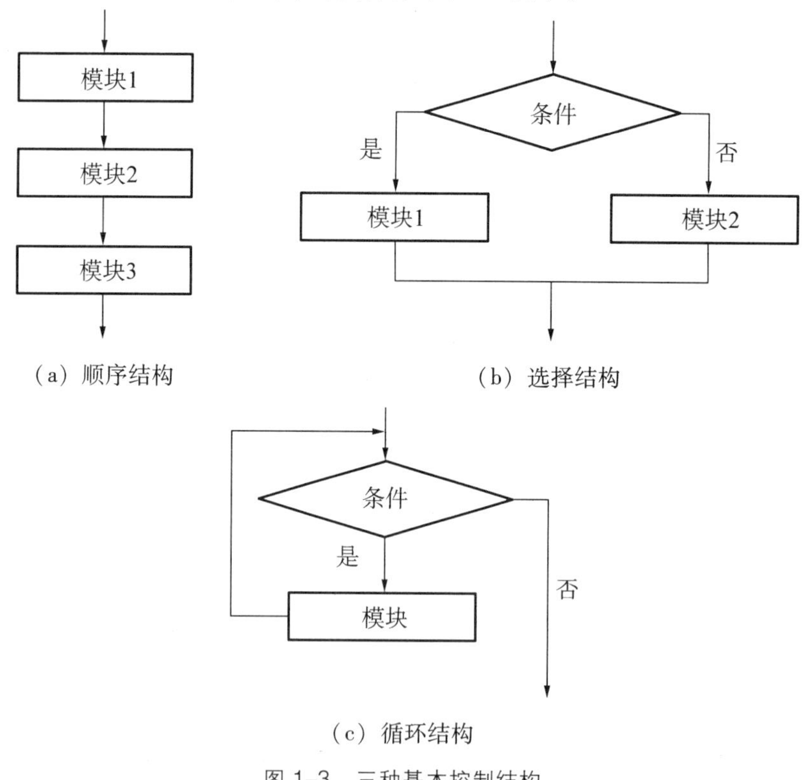

图 1–3　三种基本控制结构

1. 顺序结构

顺序结构表示算法中的每步操作都是按照出现的先后顺序执行的，即逐步完成一件事情。

【例1-5】来自“一带一路”沿线的20国青年曾评选出了中国的“新四大发明”：高铁、网购、支付宝和共享单车。其中，共享单车的出现，为城市绿色出行提供了一种新的选择，给都市人民提供了极大的方便。借助顺序结构，画出一个简单的扫码用车流程图。

【例1-5解答】

图1-4所示就是简易的共享单车使用顺序流程图：

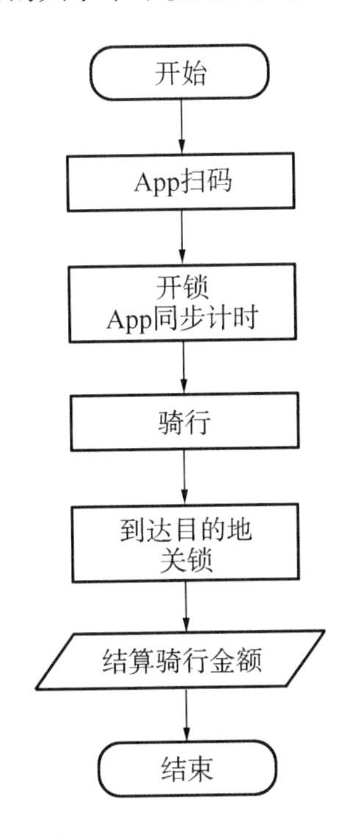

图1-4　简易的共享单车使用顺序流程图

从扫码、开锁、骑行、关锁到付费，这就是扫码用车的算法步骤，是标准的顺序结构。

顺序结构是最简单的算法结构，必须严格按照从上到下的顺序依次执行每个步骤。顺序结构是任何一个算法都离不开的一种算法结构。顺序结构的算法执行时具有以下两个特点：

① 每个步骤必须按照算法中出现的先后顺序执行；

② 每个步骤必须被执行一次，而且只能执行一次。

2. 选择结构

选择结构之所以又称为分支结构，是因为步骤出现了分支，需要根据特定的条件判断去选择其中某个分支来执行。分支结构又可分为三种：单分支、双分支和多分支。

① 如果条件成立执行一个分支中的步骤，否则不执行，即为单分支；

② 如果条件成立执行一个分支中的步骤，不成立则执行另一个分支中的步骤，即为双分支；

③ 如果分支下嵌套了一层或多层分支，即为多分支。

【例1-6】随着共享单车乱停乱放现象日益加剧，提供共享单车租赁服务的企业在算法中增加了违停罚金计算及结算功能，请联系生活中使用共享单车的经验，画出流程图。

【例1-6 解答】

从图1-5可以看出，关锁后，要进行条件判断（是否违停），根据判断的结果来决定分支的走向。

选择结构的算法执行时具有两个特点。

① 根据条件满足与否决定执行哪个分支；

② 必须有一个分支被执行，而其他分支不被执行。

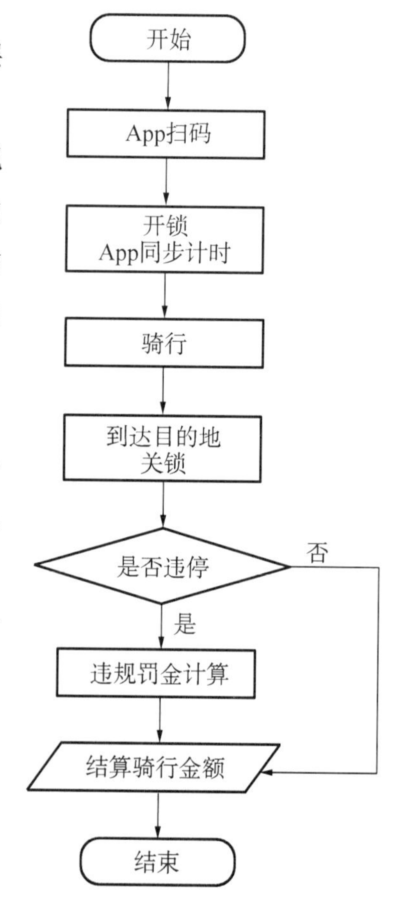

图1-5 共享单车骑行中的选择结构图

三种分支结构是否可以互相替代?

3. 循环结构

循环结构表示需要反复执行某个或某些步骤(循环体),直到满足(或不满足)判断条件时终止执行。循环结构又可分为当型循环和直到型循环两种。当型循环先判断后执行,循环体可能一次也不执行;直到型循环先执行一次循环体再判断,循环体至少执行一次。

【例 1–7】中国航天事业自 20 世纪 50 年代起步以来,经历了令人瞩目的发展。“10,9,8,7,…,3,2,1,点火!”每一次成功发射的背后都凝聚着成千上万航天人的心血和汗水,牵动着祖国人民的心。就是在这一次次发射之中,我国航天事业逐渐跻身世界前列。请以发射倒计时为例,画出流程图。

【例 1–7 解答】

倒计时显示算法步骤分析如下:

① 将计数器 t 设为 10;

② 如果 t 大于等于 1,执行③,否则倒计时结束,点火;

③ 输出 t,并保持显示 1 秒;

④ 清除显示;

⑤ 将 t 减 1 并跳转至②。

将上面的算法步骤转化为流程图,如图 1–6 所示。

循环结构具有如下 3 个特点:

① 每个结构都只有一个入口和一个出口;

② 结构内的每一部分都有机会被执行到;

③ 结构内不允许出现死循环(永久循环)。

一个循环结构内还可以包含另一个循环结构,这样的结构称为循环嵌套,也称多重循环。常用的循环嵌套是二重循环,外层循环称为外循环,内

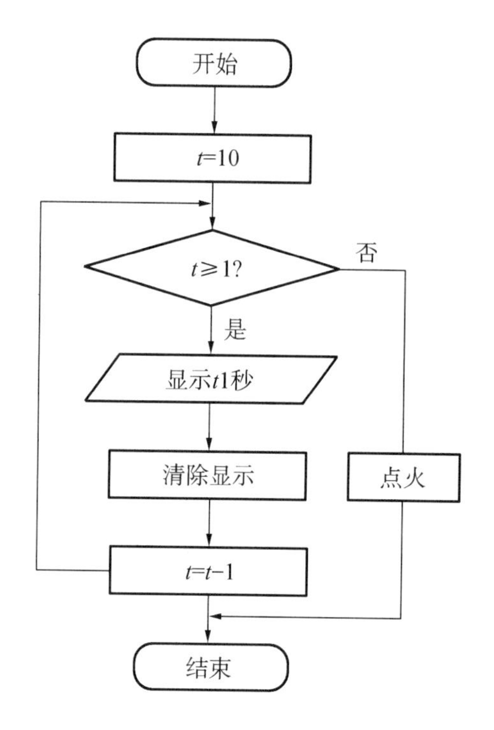

图 1-6　发射倒计时的循环控制结构图

层循环称为内循环。内循环是外循环的循环体。循环嵌套的执行过程是先执行外循环,外循环每执行一次,内循环完成一次完整的循环。

图 1-6 所示发射倒计时的循环结构是当型循环还是直到型循环?

1.2

数据结构概述

从计算机角度看，算法本质上是根据问题需求，在数据的逻辑结构和存储结构的基础上定义一种运算规则。算法需要数据结构来存储和处理数据，数据结构提供了算法所需要的数据操作接口。作为计算机科学中最基本的两个概念——算法和数据结构，两者间的关系密不可分：算法是解决问题的方法，数据结构是数据的组织形式，它们相互依存，彼此支持。数据时代，为了利用计算机高效地处理数据，我们必须对这些数据进行合理的组织和存储，因此，学习了解数据结构非常重要。

1.2.1 认识数据结构

通常，图书馆对于图书借阅即将到期的用户都会提前一星期发短信进行提醒。系统每日会根据数据库中用户借阅图书的信息统计出所有一星期后逾期的用户及对应的图书数量，然后给这些用户发送短信。例如，[××图书馆]××读者：您有10本书即将于2023-10-18到期，请及时还书。

该短信中的内容隐含了一条基本数据，包括借书人姓名、到期日期、图书数量，通常把这种基本数据称为数据元素，数据元素是数据的基本单位。而把其中的每一项（姓名、到期日期、图书数量）称为数据项，数据项是数据中的最小单位。这些短信包含的数据元素就构成了一个数据对象，它是具有相同属性的数据元素的集合，有时也简称为数据。在实际应用中，数据对象中的数据元素都不是孤立存在的，相互之间存在着某种关系，这种关系就称为结构。

数据结构(*data structure*)是带有结构特性的数据元素的集合,它研究的是数据的逻辑结构和物理结构以及数据元素之间的相互关系,并定义相应的运算,设计相应的算法,同时确保经过运算后所得到的新结构仍保持原来的结构类型。简而言之,数据结构是相互之间存在一种或多种特定关系的数据元素的集合,涉及逻辑结构、存储结构及运算三个方面。

1. 数据的逻辑结构

数据结构的数据元素之间存在一种或多种特定关系,根据关系的不同特性,可分为四种逻辑结构,如图 1-7 所示。

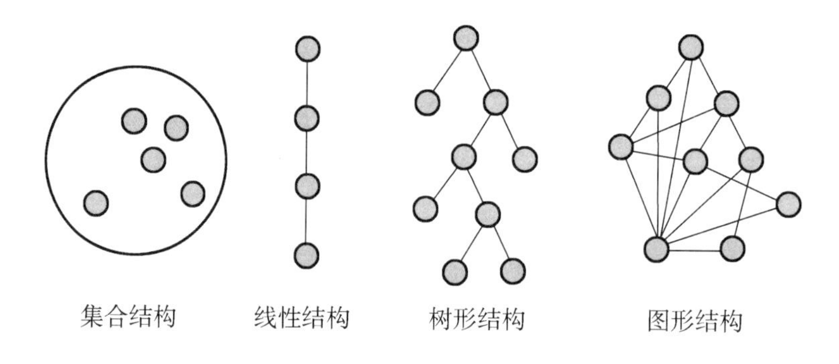

图 1-7 数据结构的四种逻辑结构

集合结构的元素之间互相平等,共同属于一个集合;线性结构的元素之间存在一对一的关系,按序排列构成一个线性关系;树形结构的元素除了同属于一个数据对象外,相互之间存在一对多的关系;图形结构的元素除了同属于一个数据对象外,相互之间存在多对多的关系。

数据的逻辑结构是数据元素在逻辑上的结构,逻辑结构存在于人脑中,是面向问题的,是抽象的。

2. 数据的存储结构

数据的逻辑结构在计算机存储空间中的存放形式称为数据的物理结构(也称为存储结构)。数据的存储结构是面向计算机的,是具体的。一般来说,一种数据的逻辑结构根据需要可以用多种存储结构存储,常用的存储结构有顺序存储、链式存储等,如图 1-8 所示。

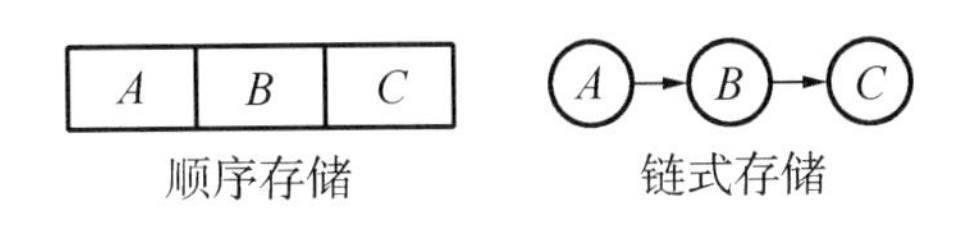

图 1–8　数据结构的常用存储结构

顺序存储结构是把逻辑上相邻的结点存储在物理位置上相邻的存储单元中，存储单元都用来存放数据，节省存储空间。但顺序存储不利于插入、删除数据，因为会出现“牵一发而动全身”的情况。

链式存储结构是用一组任意的存储单元存储线性表的数据元素，这组存储单元可以是连续的，也可以是不连续的。链式存储结构下，每个结点由数据域和指针域组成（图 1–9），数据的插入、删除灵活，因为不必移动节点，只需要改变结点的指针即可，但查找结点时比顺序存储要慢。

<table>
<tr><th>存储地址</th><th>内存</th><th></th></tr>
<tr><td rowspan="2">0x4000</td><td>a1</td><td>数据域</td></tr>
<tr><td>0x4001</td><td>指针</td></tr>
<tr><td rowspan="2">0x4001</td><td>a2</td><td></td></tr>
<tr><td>0x4002</td><td></td></tr>
<tr><td rowspan="2">0x4002</td><td>a4</td><td></td></tr>
<tr><td>0x4004</td><td></td></tr>
<tr><td rowspan="2">0x4003</td><td>a5</td><td></td></tr>
<tr><td>0x4005</td><td></td></tr>
<tr><td rowspan="2">0x4004</td><td>a3</td><td></td></tr>
<tr><td>0x4003</td><td></td></tr>
<tr><td rowspan="2">0x4005</td><td>a5</td><td></td></tr>
<tr><td>0x4006</td><td></td></tr>
<tr><td rowspan="2">0x4006</td><td>…</td><td></td></tr>
<tr><td>…</td><td></td></tr>
</table>

图 1–9　链式存储结构示意图

逻辑结构是数据结构的抽象，存储结构是数据结构的实现，两者共同建立了数据元素之间的结构关系。

1.2.2 常见的数据结构

数据结构是一种组织、存储和管理数据的方式,它规定了数据之间的逻辑关系和物理关系。数据结构种类繁多,包括常见的数组、链表、栈、队列等,这些属于线性结构;也有一些较复杂的数据结构,如树、图、哈希表等,它们属于非线性结构,如图 1-10 所示。这里将介绍几种常用的数据结构,以便大家掌握常用数据结构的基本知识。

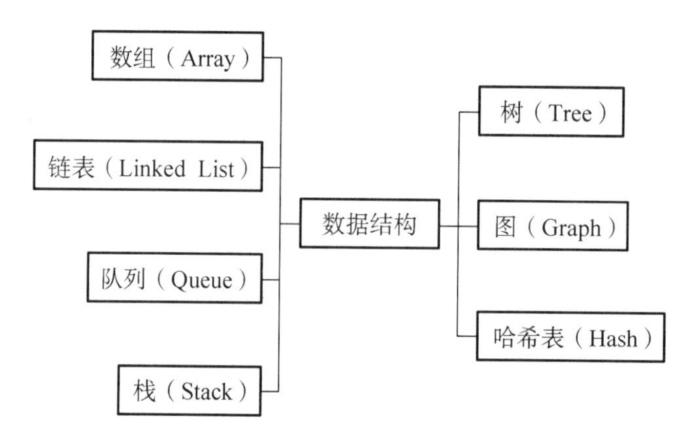

图 1-10 数据结构种类

1. 数组

数组(Array)是有序的元素序列,通常用于存储多个相同类型数据的集合,是一种最基本、最常见的数据结构。

若将有限个类型相同的变量的集合命名,那么这个名称即为数组名。组成数组的各个变量称为数组的分量即下标变量,用于区分数组的各个元素的数字编号称为下标。用户可通过数组名和下标对数据进行访问和更新,见表 1-2。

表 1-2 存储在数组中的学生数学成绩

$a_{[0]}$	$a_{[1]}$	$a_{[2]}$	$a_{[3]}$	$a_{[4]}$	$a_{[5]}$	$a_{[6]}$	$a_{[7]}$	$a_{[8]}$	$a_{[9]}$
88	89	75	92	87	90	81	62	94	71

表 1-2 中,数据用数组 a 来存储,$a_{[n]}$ 用来存储学生 n 的数学成绩,其中 a 是数组名,n 为数组的下标。只有一个下标的数组称为一维数组,也称为

线性数组，即一个线性序列。除了一维数组还有二维、三维乃至 n 维数组。二维数组相当于一个二维矩阵。例如，去电影院看电影，你需要知道座位号才能找到自己的座位。而座位号就可以用二维数组 $a_{[m][n]}$ 来表示，其中，m 表示行号（第 m 排），n 表示列号（第 n 列）。三维数组则类似于一个长方体，需要先定位到面，再在这一面里确定行号和列号，表示为：$a_{[x][y][z]}$。具体示例如图 1–11 所示。

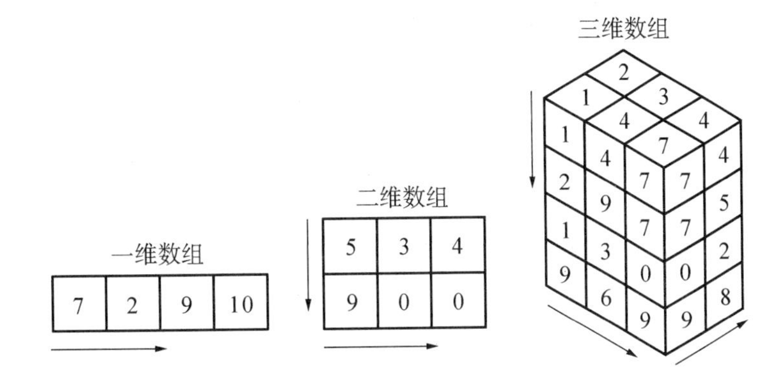

图 1–11　不同维度的数组

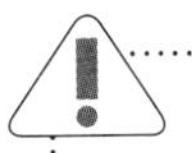

① 数组是相同数据类型的元素的集合。

② 数组中元素的存储是按照先后顺序进行的，同时在内存中也是按照这个顺序进行连续存放的。数组相邻元素之间的内存地址的间隔一般就是数组数据类型的大小。

③ 数组元素用数组名和它在数组中的顺序位置来表示。例如，$a_{[0]}$ 表示名字为 a 的数组中的第 1 个元素，$a_{[1]}$ 代表数组 a 的第 2 个元素，以此类推。

2. 链表

数组在插入或删除的时候需要大量移动数组中的其他元素，当数据量较多时，操作量和耗时都会急剧增加。为了解决插入、删除的低效问题，可以用链表(Linked List)来代替数组。

链表除了数据域，还增加了指针域来构建链式的存储数据。链表由一系列结点(链表中每一个元素称为结点)组成，每个结点包括两个部分：一个是存储数据元素的数据域，另一个是存储下一个结点地址的指针域。表1-2中的学生数学成绩用链表存储如图1-12所示。

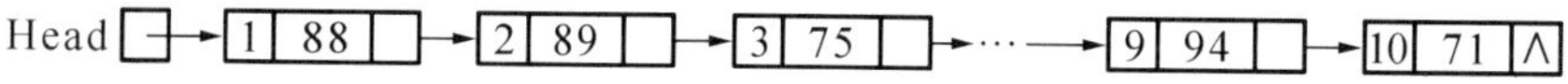

Head → 1 88 → 2 89 → 3 75 → … → 9 94 → 10 71 ∧

图 1-12　用链表存储学生成绩

链表中每一个结点都包含此结点的数据和指向下一结点地址的指针。链表是通过指针进行下一个数据元素的查找和访问的，最后一个结点的数据元素没有后继，因此，其指针域为空指针，用“^”表示。

数组和链表的优缺点对比见表1-3。

表 1-3　数组和链表的优缺点对比

	数组	链表
数据长度	一般不可动态扩展，长度固定	长度可动态变化
内存地址	内存空间连续	内存空间非连续
数据访问方式	随机	顺序
插入、删除效率	低。被修改元素后的所有元素都需要移动	高。只需要修改指针指向
查询效率	高。可通过数组名和下标直接访问	低。只能通过遍历结点依次查询

在实际选用数组和链表的过程中，需要综合考虑它们的优缺点来进行选择。

3. 队列

队列(Queue)是一种特殊的线性表。队列只允许在其前端(队首)进行删除操作(出队)，在后端(队尾)进行插入操作(入队)。队列也只支持两种操作，一种是在队尾进行入队操作，另一种是在队首进行出队操作，如图

1–13 所示。

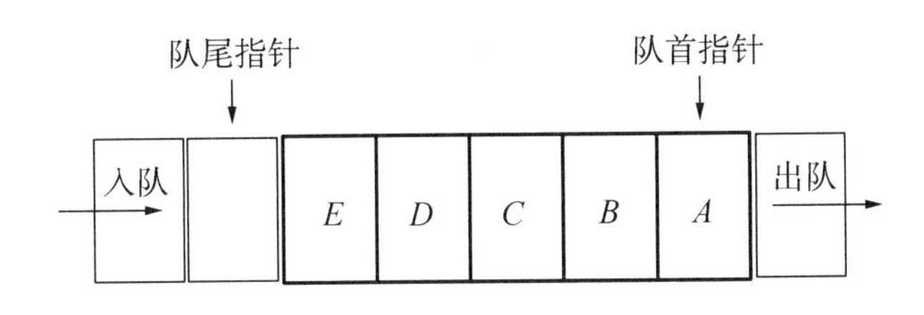

图 1–13　队列

队列拥有“先进先出，后进后出”的特性，就如同我们排队购票或者在银行排号等待服务一样，遵循“先来先服务、后来后服务”的原则。因此，队列广泛应用于操作系统进程调度、网络数据包的传输等对多个请求需要按照顺序响应的情况。

4. 栈

栈（Stack）也是一种特殊的线性表。栈只允许在表的一端进行插入或删除操作，这一端被称为栈顶，而表的另一端称为栈底，如图 1–14 所示。向栈顶插入新元素称为进栈、入栈或压栈，而从栈顶删除元素称为出栈或退栈。

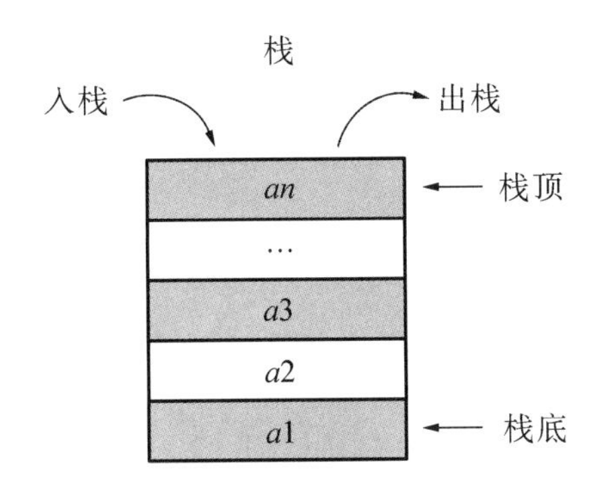

图 1–14　栈

栈拥有“先进后出，后进先出”的特性，就像堆放物品时，先堆放的物品被堆在下方，而取物品的时候一般从最上面依次取走。栈通常应用于函数调用、表达式求解、撤销操作等。

5. 树

树（Tree）是一种非线性数据结构，应用十分广泛。例如，在编译程序中，可以用树来表示源程序的语法结构;在数据库系统中,树形结构也是信息的重要组织形式之一。

(1)树的基本概念

在生活中,许多问题都可以用树来表示。例如,细胞的分裂过程如图 1-15 所示,体育比赛晋级如图 1-16 所示。

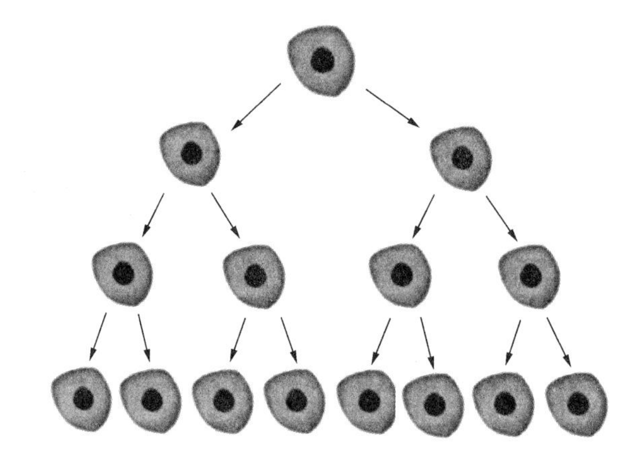

图 1-15 细胞的分裂过程

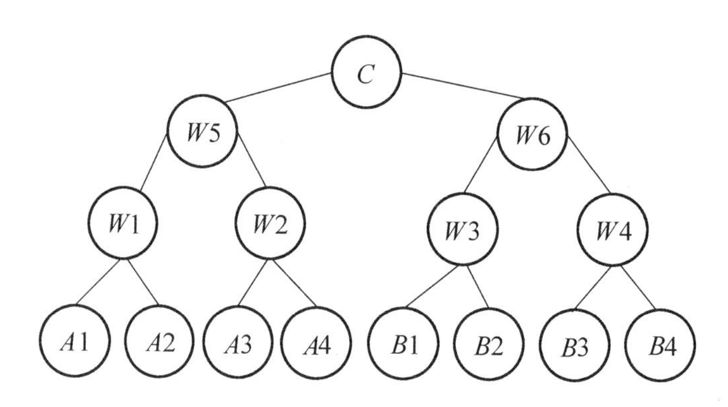

图 1-16 体育比赛晋级

在数据结构中,树是 $n(n\geqslant0)$ 个结点的有限集合。当 $n=0$ 时,称为空树;任意一棵非空树满足以下两个条件:

① 有且仅有一个根结点,如图 1-17 中的结点 A;

② 当 $n>1$ 时,除根结点之外的其余结点被分成 $m(m>0)$ 个互不相交的有限集合 $T_1,T_2,T_3,\cdots,T_m$,其中每个子集又是一棵树,被称为这个根结点

的子树,如图 1–17 中的子树 T_1。

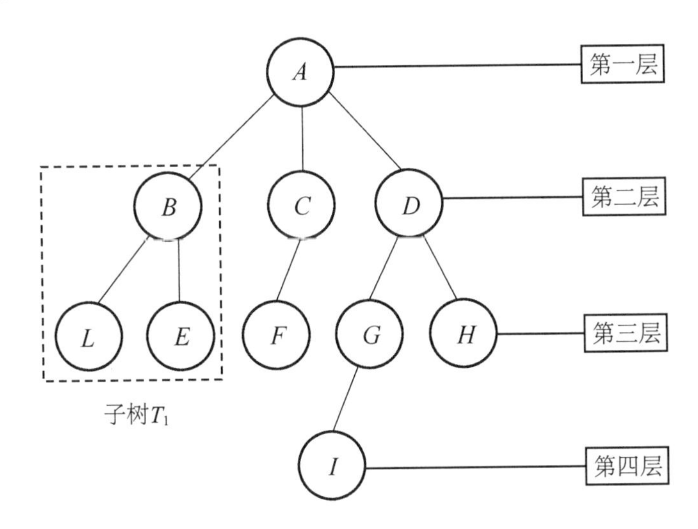

图 1–17　树的结构

树的基本术语包括:

- 根结点:没有前驱的结点。
- 结点的度:结点所拥有的非空子树的个数。如图 1–17 中结点 A 的度为 3,结点 B 的度为 2。
- 叶结点:度为 0 的结点,如图 1–17 中的 L、E、F、I 和 H 都是叶结点。
- 分支结点:度不为 0 的结点,如图 1–17 中的 B、C、D 和 G 都是分支结点。
- 树的度:树中各结点度的最大值,如图 1–17 中的树的度为 3。
- 父结点:某结点的直接前驱结点,也称双亲结点。如图 1–17 中结点 B 的父结点为 A,结点 I 的父结点为 G。
- 子结点:某点的直接后继结点,又称孩子结点。如图 1–17 中结点 B 的子结点有两个,分别为 L 和 E。
- 兄弟结点:具有同一个父结点的子结点互称为兄弟结点。如图 1–17 中 B、C 和 D 互为兄弟结点。
- 结点所在层数:根结点的层数为 1;对其余任何结点,若某结点在第 i 层,则其子结点在第 $i+1$ 层。图 1–17 中 A 结点所在层数为 1,B 结点所在层数为 2,I 结点所在层数为 4。

- 树的深度:树中所有结点的最大层数,也称高度,如图 1–17 中树的深度为 4。

(2)二叉树

二叉树是一种特殊的树,如图 1–18 所示。许多实际问题抽象出来的数据结构可以用二叉树形式表示,一般的树也能转换为二叉树。

二叉树具有以下两个特点:

① 二叉树中每个结点的度只可能是 0,1,2。

② 二叉树是有序树,任意结点的左右子树不可以交换。如图 1–19(a)和(b)所示的是两棵不同的二叉树。

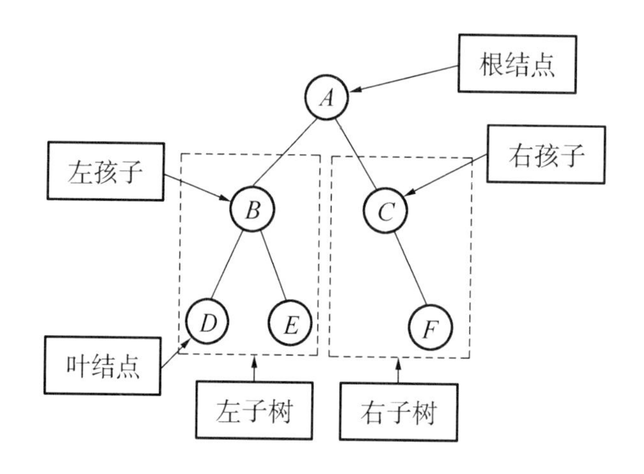

图 1–18　二叉树结构

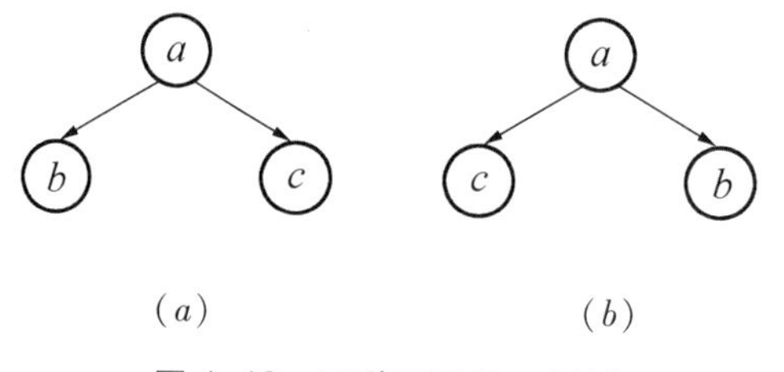

图 1–19　两种不同的二叉树

二叉树具有 5 种基本形态,如图 1–20 所示。

二叉树具有以下两个重要性质:

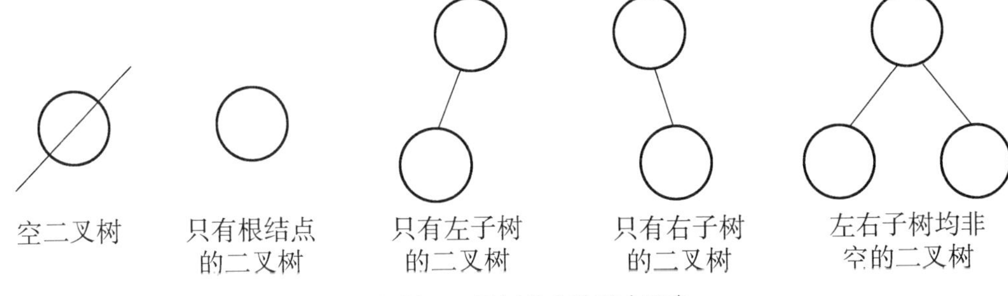

图 1–20　二叉树的5种基本形态

- 在二叉树的第 k 层上最多有2^{k-1}个结点($k>=1$)。
- 深度为 h 的二叉树至多含有2^h-1个结点($h>=1$)。

此外,还有两种特殊形式的二叉树:满二叉树和完全二叉树。若二叉树中每个分支结点的度都是2,并且所有叶结点都在同一层上,这样的二叉树称为满二叉树。如图1–21所示是一棵深度为4的满二叉树,满二叉树中每一层的结点都达到了该层的最大结点数。将满二叉树的最后一层自右向左依次删除若干个结点,这样得到的二叉树称为完全二叉树,如图1–22所示为一棵完全二叉树,满二叉树可以看成是完全二叉树的一个特例。如图1–23所示是一棵非完全二叉树。

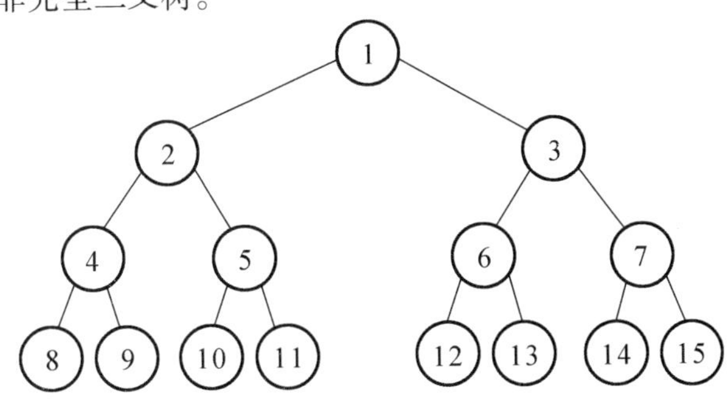

图 1–21　满二叉树

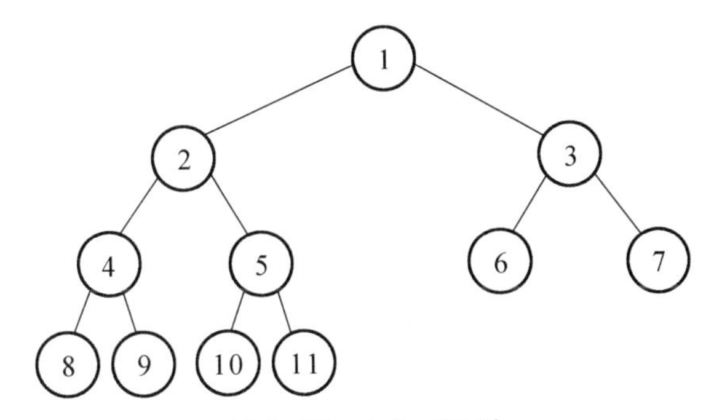

图 1–22　完全二叉树

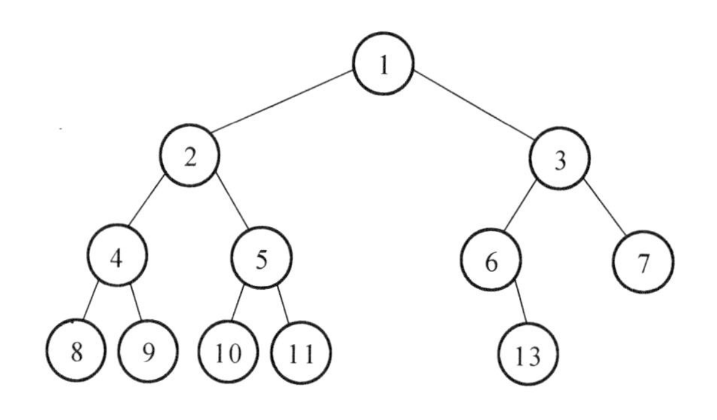

图 1-23　非完全二叉树

（3）二叉树的遍历

日常学习和工作中，人们经常会使用资源管理器，通过逐层打开文件夹找到需要的文件。其实，计算机的文件系统就是常见的树结构，寻找文件的过程实际是对这棵树进行的“访问”操作。又如，计算机进行四则运算时，无法像人一样理解运算顺序，为此，可以将相应的数学表达式转换为二叉树结构，通过适当的访问操作让计算机实现正确运算。可见，在树的应用中，常常要求对树中全部结点逐一访问，这就提出了树的遍历问题，即按照何种顺序依次访问树中的每个结点，而且每个结点的访问次数有且仅有一次。而作为一种特殊的树，二叉树的遍历应用尤其广泛。

二叉树的遍历是指从根结点出发，按照次序依次访问二叉树中的所有结点，并且每个结点只能被访问一次。二叉树主要有四种遍历方法：

① 先序遍历：先访问二叉树的根结点，再先序遍历左子树，然后先序遍历右子树，如图 1-24 所示。

② 中序遍历：先中序遍历左子树，再访问二叉树根结点，然后中序遍历右子树，如图 1-25 所示。

③ 后序遍历：先后序遍历左子树，再后序遍历右子树，然后访问二叉树根结点，如图 1-26 所示。

④ 层次遍历：对二叉树从上到下，逐层从左到右访问每个结点，如图 1-27 所示。

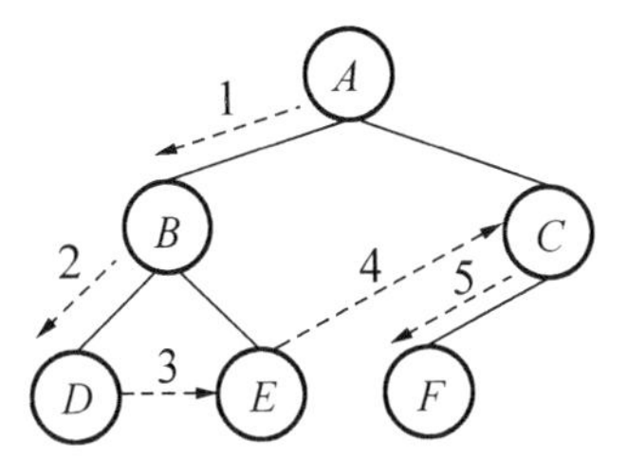

图 1-24　二叉树的先序遍历

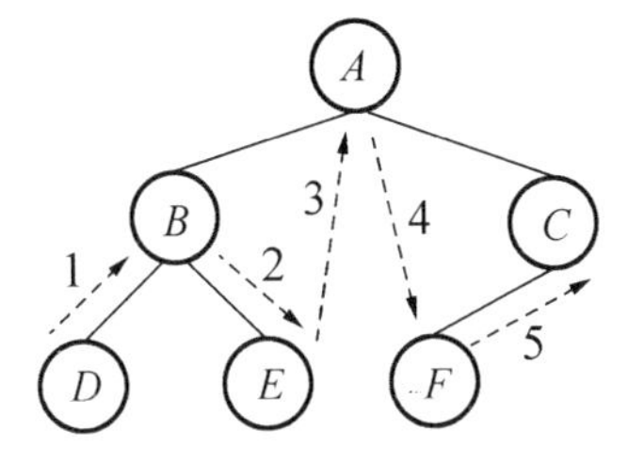

图 1-25　二叉树的中序遍历

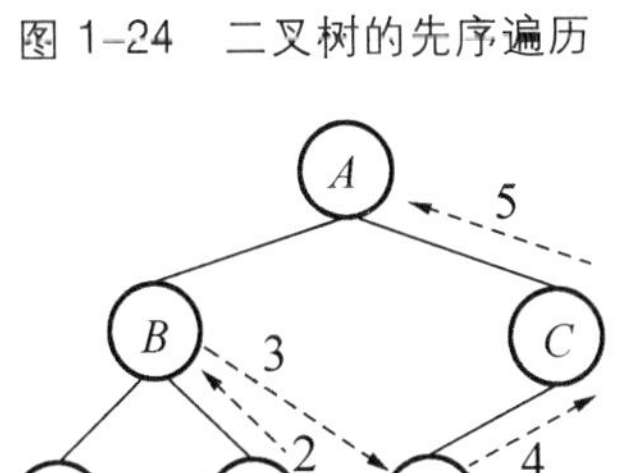

图 1-26　二叉树的后序遍历

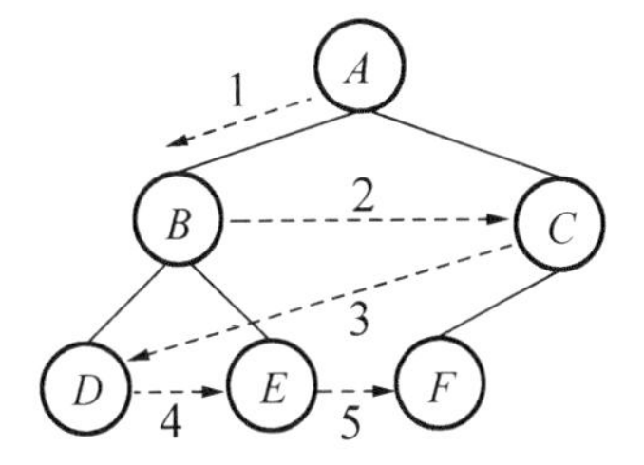

图 1-27　二叉树的层次遍历

通常,一个算术表达式由一个运算符和两个运算对象构成,两个运算对象之间有次序之分,并且运算对象本身也可以是表达式,这个结构类似一棵二叉树,因此可以利用二叉树来表示算术表达式,即将优先级最低的运算符作为根结点,运算符前的运算对象作为左子树,运算符后的运算对象作为右子树(运算对象也可以是算术表达式),以此类推来构建二叉树,直到每个结点均为独立的运算符或运算对象。例如,算术表达式 $6+(7-3)\div 2$ 对应的表达式二叉树如图 1-28 所示。

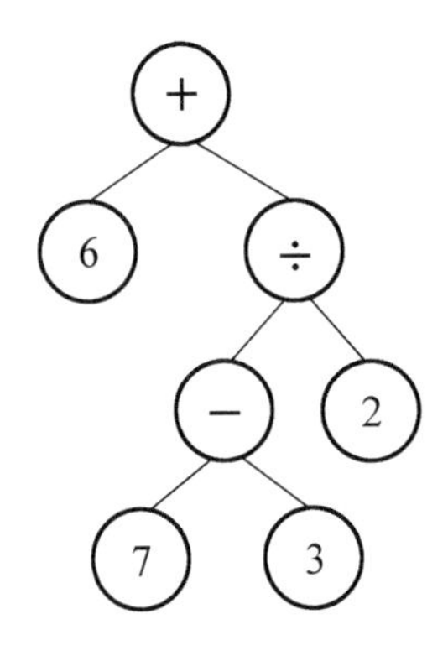

图 1-28　表达式二叉树

用一棵二叉树表示一个算术表达式后，通过遍历该二叉树，计算机就可以得到表达式的运算顺序，从而实现表达式的求值运算。若对图 1-28 中的二叉树进行中序遍历，如图 1-29 所示，可以得到序列 6 + 7 - 3 ÷ 2。这样的序列称为中缀表达式。通过对比可以发现，中缀表达式的顺序和算术表达式是一致的，只是该访问序列中缺了括号，但表达式二叉树的结构可以反映运算符间的运算次序。

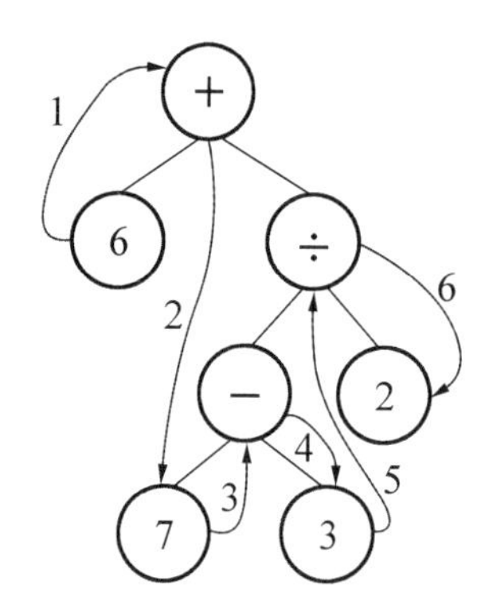

图 1-29　中序遍历表达式二叉树

1.2.3 数据结构的应用

数据结构的应用非常广泛。例如，在线购票系统中可以用队列实现用户排队买票，队列“先到先服务”的特性，可以保证用户购票的公平性和高效性。又如，在浏览器中，可以通过两个栈（假设为 A，B）来实现网页的前进和后退。当我们访问一个新页面时，就将该页面的地址压入栈 A 中。当我们单击“后退”按钮时，将从栈 A 顶端弹出的页面地址放入栈 B 中，此时栈 A 顶端的页面地址就是后退的页面地址；当我们单击“前进”按钮时，将从栈 B 顶端弹出的页面地址再放入栈 A 中，此时栈 A 顶端的页面地址就是前进的页面地址。同理，在各种应用软件中，如文本处理软件、图形处理软件等，经常需要撤销和恢复的操作，也可以通过栈来实现。

另外，树也是一种应用广泛的数据结构，其中二叉排序树既有较高的搜索效率，又能相对快速地进行插入和删除操作，在数据库系统、文件系统、搜索引擎、游戏开发等领域都有着广泛的应用。例如,社交平台需要设计一个处理数百万个用户数据的数据库,并且需要在用户登录时快速检索到该用户名。由于每天都有新注册或注销的账户,该数据库需要方便地进行插入和删除操作,才能保证快速、准确地完成任务,此时可以采用二叉排序树提高系统的性能和效率。下面,我们将详细介绍如何创建一个二叉排序树并实现快速排序,以及如何在二叉排序树中快速地查找、插入和删除数据。

(1) 创建二叉排序树

假设要从无序序列 60,87,56,45,35,71,51,99,36,92 中查找数字 51。为提高查找效率,可以将该序列构建成一种特殊的二叉树,方法如下。

从无序序列中第 1 个元素 60 开始,将其作为二叉树的根结点;第 2 个元素是 87,因为 87 >60,所以将 87 作为根结点 60 的右子树插入二叉树中;第 3 个元素是 56,因为 56 <60 ,所以将 56 作为根结点 60 的左子树插入二叉树中,如图 1–30 所示。以此类推,将序列中所有元素插入二叉树,最后得到的二叉树如图 1–31 所示。

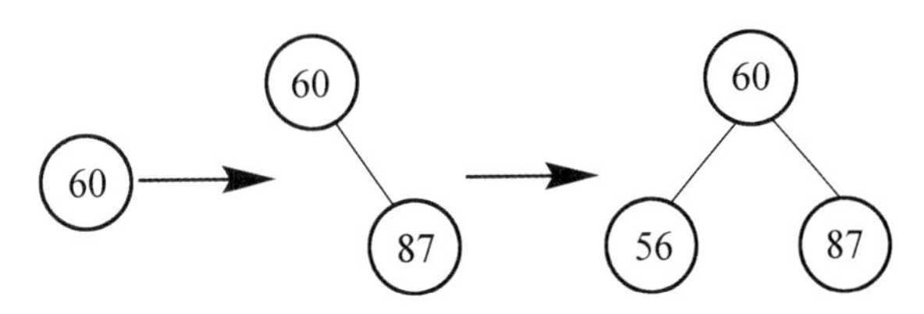

图 1–30　创建二叉树的过程示例

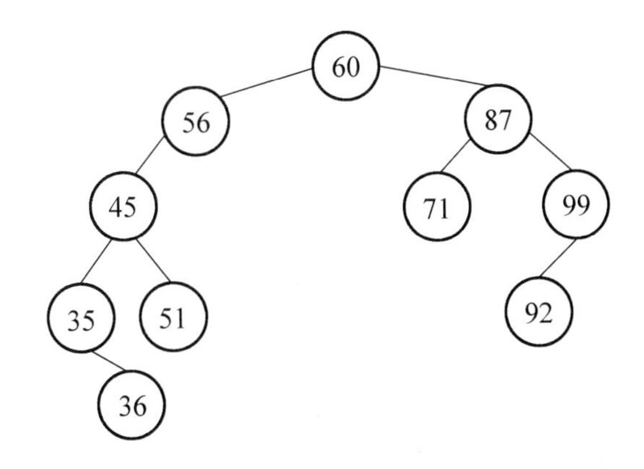

图 1–31　完成的二叉树

根据上述方法创建的二叉树称为二叉排序树,又称二叉查找树或二叉搜索树,其基本组成如图 1–32 所示。非空的二叉排序树具有下列性质:

① 若其左子树不为空,则左子树上的结点值小于其根结点值。

② 若其右子树不为空,则右子树上的结点值大于其根结点值。

③ 其左右子树均为二叉排序树。

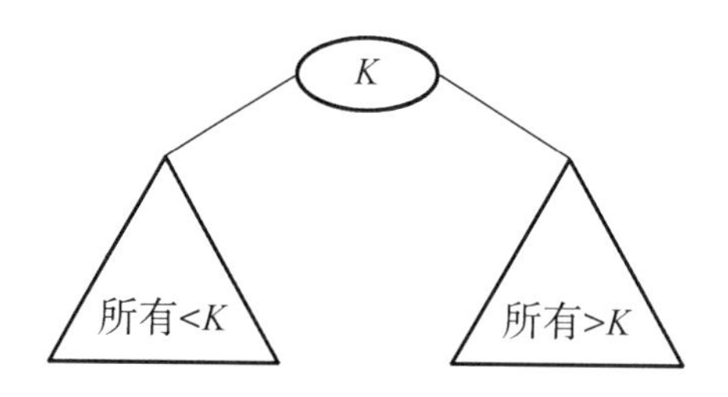

图 1–32　二叉排序树的基本组成

(2) 通过中序遍历二叉排序树进行快速排序

对图 1–31 的二叉排序树进行中序遍历,如图 1–33 所示。得到的中序遍历序列为 35,36,45,51,56,60,71,87,92,99,该二叉排序树经中序遍历后得到的是有序序列。

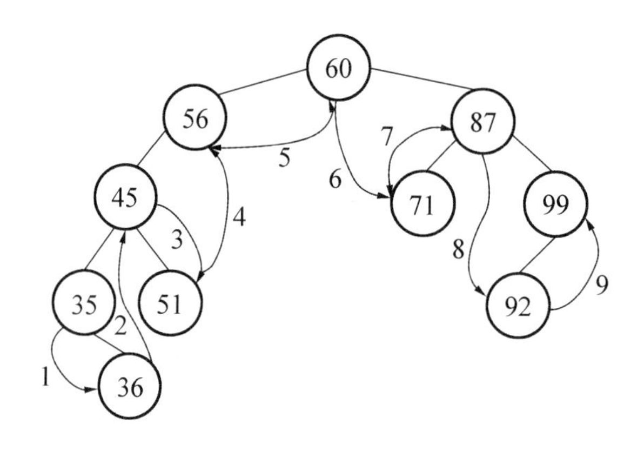

图 1–33　中序遍历二叉排序树

(3) 在二叉排序树中查找结点

在二叉排序树中查找结点的过程如下:

① 若待查值等于根结点的值,则查找成功;若当前根结点为空,则查找不成功。

② 若待查值小于根结点的值，则继续在其左子树上进行查找。

③ 若待查值大于根结点的值，则继续在其右子树上进行查找。

例如，在图 1–31 的二叉树中查找 51。从根结点开始，将 51 与根结点值 60 比较，51 < 60，因此沿其左子树继续查找；然后与 56 比较，51 < 56，因此，沿其左子树继续查找；再与 45 比较，51 > 45，因此沿其右子树继续查找，查到 51，查找结束。过程如图 1–34 所示。

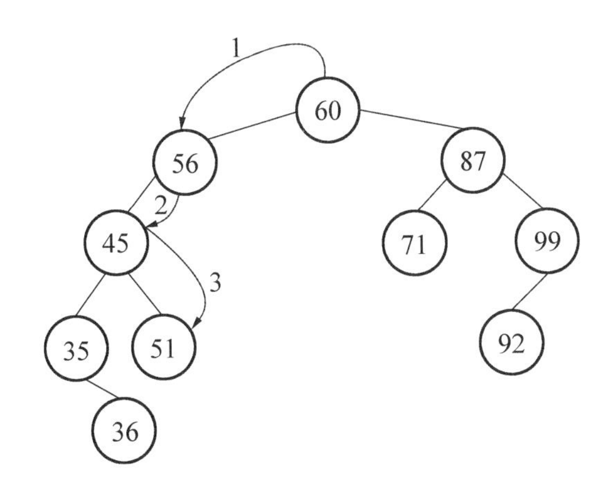

图 1–34　二叉排序树的查找

（4）在二叉排序树中插入结点

在二叉排序树中插入一个新结点，首先应搜索其插入位置，需要进行以下操作：

① 如果二叉排序树为空，则将新结点指定为根结点，否则将插入结点与根结点进行比较。

② 若插入结点的值小于根结点的值，则继续在其左子树上进行比较；若插入结点的值大于根结点的值，则继续在其右子树上进行比较。

③ 重复步骤②，直到当前结点为该二叉排序树的叶结点，如果插入结点的值比当前结点值小，则插入为左子结点，否则插入为右子结点。

例如，在图 1–31 二叉排序树中插入值为 78 的结点。从根结点开始比较，由于 78 > 60，沿其右子树继续比较；因 78 < 87，故与其左子树比较；由于 71 为该二叉排序树的叶结点，且 78 > 71，所以将结点 78 作为结点 71 的右子结点插入该二叉排序树。插入过程如图 1-35 所示。

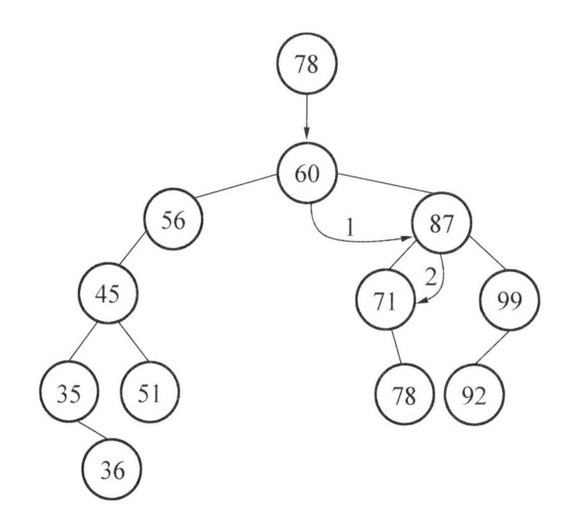

图 1-35　二叉树的插入

（5）在二叉排序树中删除叶结点

二叉排序树中的结点是有序的,因此不能在二叉排序树中直接删除结点,否则这棵树将不满足二叉排序树的性质。

若要删除的结点是二叉排序树的叶结点,需要进行以下操作:

① 使用二叉排序树查找结点的方法找到要删除的结点;

② 将该叶结点直接删除。

例如,要在图 1-31 的二叉树中删除叶结点 51,要先找到该结点,直接将其删除。

单元小结

思维导图

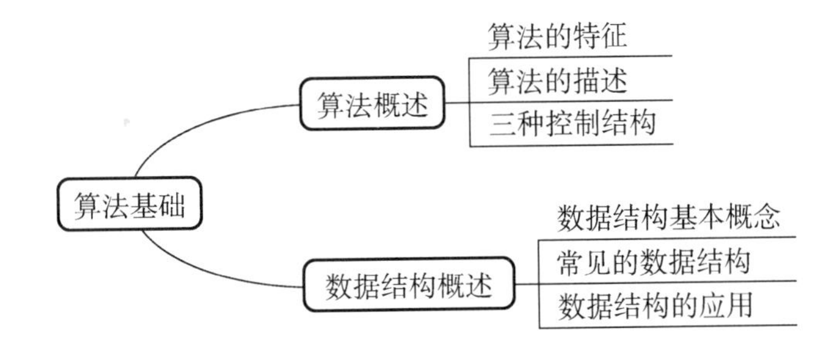

综合练习

一、单选题

1. 下列四种叙述可描述为算法的是________。

A. 自动贩卖机购买物品非常方便

B. 小明经常用自动贩卖机购买饮料

C. 在自动贩卖机购买饮料需要扫码、选购、付款、取货这些步骤

D. 用微信和支付宝均可在自动贩卖机上购物

2. 循环结构表示反复执行某个或某些操作，直到满足（或不满足）判断条件时终止执行。以下不属于循环结构特点的是________。

A. 每个结构都只有一个入口和一个出口

B. 结构内的每一部分都有机会被执行到

C. 结构内不允许出现死循环

D. 每个判断条件对应的分支，必须有一个分支被执行，而其他分支不被执行

3. 算法的输入项用来刻画运算对象的初始状况，一个算法有________输入。

A. 至少1个　　B. 0个或多个

C. 1个　　D. 以上都不对

4. 在树中,若结点 A 有4个兄弟,而且 B 是 A 的双亲,则 B 的度为________。

A. 3　　B. 4　　C. 5　　D. 6

5. 数据结构的逻辑结构是指________。

A. 数据在计算机中的物理存储结构

B. 数据在内存中的地址和大小

C. 数据之间的关系以及数据的操作

D. 数据在计算机中的文件结构

6. 以下有关数组的描述不正确的是________。

A. 数据元素类型相同　　B. 需连续内存空间

C. 可访问　　D. 不可改变大小

7. 具有"先进后出"特性的数据结构是________。

A. 数据　　B. 链表　　C. 队列　　D. 栈

8. 若一棵完全二叉树中某结点无左子结点,则该结点一定是________。

A. 度为1的结点　　B. 度为2的结点

C. 子结点　　D. 叶结点

9. 若某二叉树的先序遍历序列为 $ABCDEF$,中序遍历序列为 $CBDAEF$,则后序遍历序列为________。

A. $FEDCBA$　　B. $CDBFEA$　　C. $CDBEFA$　　D. $DCBEFA$

10. 一棵非空二叉树的先序遍历与中序遍历一样,则该二叉树满足________。

A. 所有结点无左子结点　　B. 所有结点无右子结点

C. 只有一个根结点　　D. 任意一棵二叉树

二、填空题

1. 在数据的存储结构中,数组是一种________结构,而链表是一种________结构。

2. 在链表中，每个元素的位置由________决定，而不是由________决定。

3. 顺序结构是最简单的算法结构，必须严格按照顺序依次进行每个步骤，即按照________的顺序执行算法的步骤。

4. 在深度为 k 的二叉树中至多有________个结点。

5. 左子树上结点的值小于等于其根结点的值且右子树上结点的值大于等于其根结点的值的二叉树是________。

三、综合题

1. 网上购物就是通过互联网购物平台检索商品信息，并通过电子订单向商家发出购物请求，然后使用私人支付账号支付费用，商家通过快递送货上门。结合自己网购经验（如经验空缺可通过网络查找资料），画出任一消费网站的购物流程图，尽量考虑全面，流程图中不少于 15 个图形符号（不含流程线）。

2. 如今，全球变暖、酸雨等环境问题日益加剧，其中交通尾气排放是主要原因之一。传统内燃机汽车释放的有害气体和颗粒物严重影响了大气质量，引发健康风险和生态破坏。而新能源汽车采用电力、氢能等清洁能源驱动，排放的尾气几乎是清洁的，能显著减少环境污染。发展新能源汽车对环境保护至关重要。图 1–36 是新能源汽车的分类图。

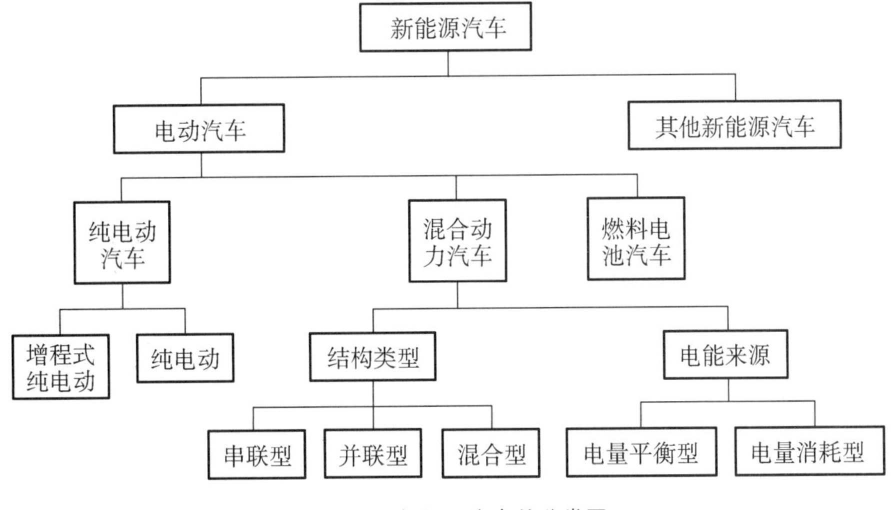

图 1–36　新能源汽车的分类图

根据上面的分类，利用所学知识，分析该数据的逻辑结构，并设计一个合理的存储结构。

参考答案

一、选择题

1. C　2. D　3. B　4. C　5. C　6. D　7. D　8. D　9. B　10. A

二、填空题

1. 顺序存储、链式存储
2. 指针、下标
3. 从上到下
4. 2^k-1
5. 二叉排序树（或二叉查找树、二叉搜索树）

三、综合题

略

第2单元

常见算法及应用

2022 年热播的国产网络电视剧《开端》中，男女主角被卷入一场“神奇”的公交车爆炸事件。一旦主角因爆炸或睡眠而失去意识，便会发生时间倒流，他们也会重新回到尚未爆炸的公交车上。主角需要在一次又一次的循环中，找到解救全车乘客的方法。《开端》使用时间线上的循环概念，将登场人物放置在不断重复的时间片段中，通过人物的反复体验来不断接近突破循环的希望。这种情节安排和算法上的回溯概念十分相似。

“时间循环”现象虽然在现实生活中不会发生，但是回溯的算法思想能够帮助我们解决很多实际问题。生活中处处有算法，无论是选择一条合适的旅行路线，还是有序组织一场大型活动，抑或是解决一个趣味数学问题，都可以使用适当的算法帮助我们搜索、决策和计算。本单元将带领大家体验使用几种常见算法解决实际问题的过程，认识其中蕴含的算法思想，进一步体会算法设计对于解决实际问题的重要作用，并尝试编写程序实现这些算法。

学习目标

1. 通过分析实例，了解和掌握算法设计的一般方法。

2. 通过问题解决，掌握贪心、分治、动态规划、回溯、最短路径等常见算法，并结合具体问题开展编程实践。

3. 学会在解决实际问题的过程中灵活运用常见算法。

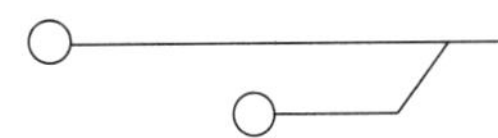

2.1

贪心算法

若某游客想从上海出发，游览南昌、成都、广州三座城市，他该如何规划路线，才能使单程机票总价最低？一种可行思路是先分别查询上海到三座城市的机票价格，选择机票价格最低的城市作为第一个目的地；再分别查询第一个目的地到剩余两座城市的机票价格，同样选择机票价格最低的城市作为下一个目的地，以此类推。

上述这种不从全局考虑，而只在每个小步骤中作出当前情况下的最优选择的方法，就是经典的贪心算法。

2.1.1 贪心算法的概念

贪心算法（又称贪婪算法）是指在对问题求解时，总是作出当前状态下的最优选择，是一种常用的求最优解的方法。使用贪心算法解决问题的时候，首先要根据问题的求解目标确定贪心策略。贪心算法的关键在于贪心策略的选择，如果能找出正确的贪心策略，那么问题就会迎刃而解。

在使用贪心算法解决问题的过程中，每一步求得的都是局部最优解。所有的局部最优解合并为原问题的一个解。

假如使用贪心算法解决一个问题需要 n 步，第一步的解决方案为 a_1，第二步的解决方案为 a_2，……第 n 步的解决方案为 a_n，那么最终该问题的解决方案就是（$a_1, a_2, a_3, \cdots, a_n$），所有的局部最优解合并成为原问题的一个解。

使用贪心算法解决问题的基本步骤如下：

步骤1：寻找贪心策略，将原问题分解为若干子问题；

步骤2:根据贪心策略求得每一个子问题的最优解;

步骤3:将所有的局部最优解合并为原问题的解。

适合用贪心算法解决的问题一般具有两个重要的特性:贪心选择性质和最优子结构性质。

(1) 贪心选择性质

贪心选择性质是指原问题的全局最优解可以通过一系列局部最优解的选择,即贪心选择来得到。

(2) 最优子结构性质

当一个问题的最优解包含其子问题的最优解时,称此问题具有最优子结构性质。问题的最优子结构性质是该问题可以使用贪心算法求解的关键。

下面通过生活中的实际问题来探究使用贪心算法求解问题的一般步骤。

2.1.2 钱币支付问题

李明同学在超市使用现金购物,结账时他需要支付628元。假设他有100元、50元、20元、10元、5元、1元共6种纸币,请问怎样支付使用的纸币张数最少?

1. 问题分析

针对该问题,最容易想到的是使用枚举法枚举出所有的支付方案,然后从中选择纸币张数最少的方案。但枚举法的效率较低,总金额越大,可枚举的方案就越多,枚举出所有的方案费时费力。那么可以尝试另一种思路:尽可能多地选择面值较大的纸币,纸币面值越大,在总金额一定的情况下,纸币张数就越少,这种想法蕴含了贪心算法的思想。

对于钱币支付问题,可以拟定如下贪心策略:首先考虑最多能使用多少张面值最大的纸币,然后针对剩余的金额考虑面值次大的纸币,以此类推,直至得到需要的金额。

2. 算法设计

假设需要 100 元、50 元、20 元、10 元、5 元、1 元纸币的张数分别为 x_1、x_2、x_3、x_4、x_5、x_6（表 2 - 1），这相当于把问题变成求 x_1、x_2、x_3、x_4、x_5、x_6的值，使得 $x_1 + x_2 + x_3 + x_4 + x_5 + x_6$的值最小且 $100 \times x_1 + 50 \times x_2 + 20 \times x_3 + 10 \times x_4 + 5 \times x_5 + 1 \times x_6 = 628$。

表 2–1　纸币张数表

面额	100 元	50 元	20 元	10 元	5 元	1 元
张数	x_1	x_2	x_3	x_4	x_5	x_6

按照问题分析中的贪心策略，从最大面值的纸币张数开始求解。

x_1 = 628//100 = 6，剩余金额 = 628%100 = 28；

x_2 = 剩余金额//50 = 28//50 = 0，剩余金额 = 28%50 = 28；

x_3 = 剩余金额//20 = 28//20 = 1，剩余金额 = 28%20 = 8；

x_4 = 剩余金额//10 = 8//10 = 0，剩余金额 = 8%10 = 8；

x_5 = 剩余金额//5 = 8//5 = 1，剩余金额 = 8%5 = 3；

x_6 = 剩余金额//1 = 3//1 = 3，剩余金额 = 3%1 = 0。

最后，合并求得的解：$x_1 + x_2 + x_3 + x_4 + x_5 + x_6 = 6 + 0 + 1 + 0 + 1 + 3 = 11$。

得到支付 628 元最少需要的纸币张数为 11 张，其中 100 元 6 张、20 元 1 张、5 元 1 张、1 元 3 张。

3. 程序实现

首先，定义变量 *money* 记录所要支付的总金额，拥有的纸币种类存放在列表 *cashList* 中，所需钱币的总张数用变量 *num* 来记录，每种纸币所需的张数存放在字典 *numdic* 中，定义变量 *newMoney* 记录使用当前最大面值纸币后的剩余金额，构造函数 payMoney( )来解决该问题。利用贪心算法解决钱币支付问题的程序如下所示：

```
#贪心算法的应用——钱币支付问题
def payMoney(cashList, money):
    numdic = {} #用字典类型来记录每种纸币所需张数
```

```
    # 把纸币按照从大到小的顺序排序
    cashList.sort(reverse = True)
    num = 0
    for c in cashList:
        num += money // c      #num 记录纸币的总张数
        newMoney = money % c
        numdic[str(c)] = money // c
        if newMoney == 0:      #钱币支付完毕
            break
        else:
            money = newMoney
    return num, numdic
#测试数据
num, dic = payMoney([100, 50, 20, 10, 5, 1], 628)
print(num)
print(dic)
```

通过钱币支付问题可以看出,使用贪心算法求解问题的关键是贪心策略的选择。在根据贪心策略求解问题的过程中,每一步得到的解都是局部最优解。

使用贪心算法得到的最终解一定是全局最优解吗?

分治算法

某高校举办校园“最佳歌手”选拔赛，有 2000 人报名。如果比赛中每人都要演唱几分钟，比赛就会用时过长，该如何解决这个问题呢？

通常学校采取的策略是先以学院为单位进行初赛和复赛，每个学院选拔出最优秀的选手 4 名，再把所有学院的“四强”汇聚到一起进行决赛，最终选拔出校园“最佳歌手”。

将一个大问题分解为多个相同或相似的子问题，每个子问题都可以单独求解，这就是算法设计中常用的“分治”思想。

2.2.1 分治算法的概念

分治算法就是把一个复杂的问题分解成多个相同或相似的子问题，再把子问题分解成更小的子问题（这些子问题互相独立且与原问题形式相同），如此不断分解，直到所有子问题都可以直接求解。此时，问题的解即为子问题的解的合并。简单来说，分治算法就是：分解问题，各个击破，分而治之。

使用分治算法求解问题的一般步骤如下（图 2-1）：

步骤 1：分解。将原问题分解为若干个规模较小、相互独立、与原问题形式相同的子问题。

步骤 2：求解。若子问题规模被划分得足够小，则可以较容易地直接求解，否则可以尝试用递归来求解各个子问题。

步骤 3：合并。将各个子问题的解合并为原问题的解。

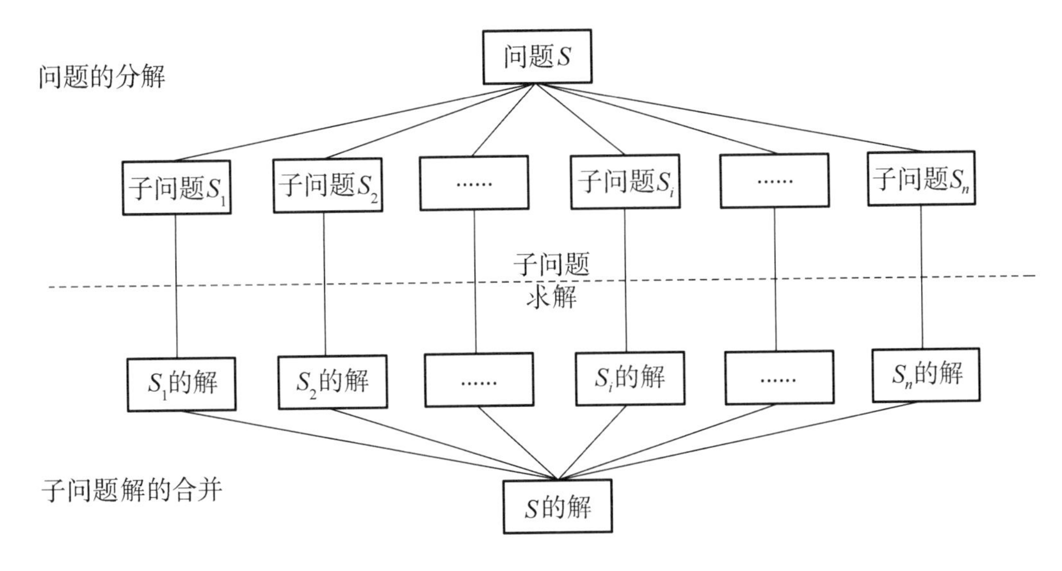

图 2-1　分治算法

下面通过具体的例子来探究使用分治算法求解问题的一般步骤。

2.2.2 识别假币问题

一个国王拿出一袋金币。袋子中共有 16 枚金币，其中有 1 枚是假币，假币看起来和真币一模一样，肉眼无法区分，但质量比真币略轻。国王向大臣提出要求，谁能借助天平，用最少的称量次数找出这枚假币，这袋金币就奖给谁。

1. 问题分析

解决这个问题的关键是找出这 16 枚金币中较轻的 1 枚。有一名大臣想到的解决方法是两两比较。先比较金币 1 与金币 2 的质量，假如金币 1 比金币 2 轻，则金币 1 是假币，反之则金币 2 是假币。假如两金币质量相等，则均为真币，那么继续比较金币 3 和金币 4。以此类推，按照这种方式最多通过 8 次比较就可以找出假币。

另一名大臣提出，可以把 16 枚金币划分成两组，8 枚一组，那么原问题就变为在两组金币中找出有假币的一组。称量后将较轻的一组继续分为两组，4 枚一组，以此类推，最终较轻的一组为 2 枚金币，再通过 1 次比较即可找到假币。这种方法包含了分治算法的思想,解决这个问题只需要4次称量比较,减少了称量次数。

2. 算法设计

在16枚金币中识别假币的具体步骤如下:

步骤1:随机选择8枚金币为A组,剩下的为B组,利用天平比较A组金币和B组金币的质量;

步骤2:假设B是轻的一组,把它平均分成两组,每组4枚金币,称其中一组为B1,另一组为B2,利用天平比较B1组金币和B2组金币的质量;

步骤3:假设B1是轻的一组,将B1分成两组,每组2枚金币,称其中一组为B1a,另一组为B1b,利用天平比较B1a组金币和B1b组金币的质量;

步骤4:假设B1a是轻的一组,比较组中2枚金币的质量,较轻的就是假币。

按照以上步骤,通过4次比较就可以找出假币(图2-2)。

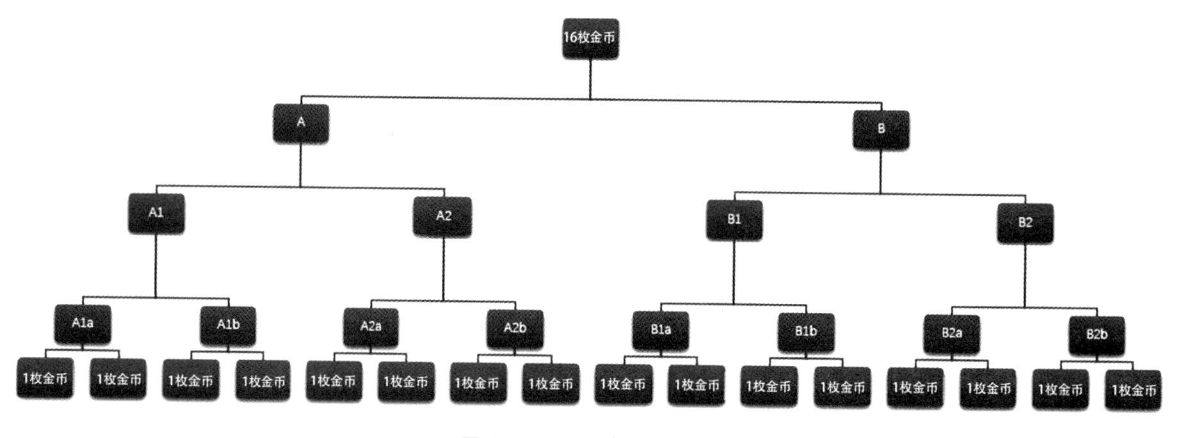

图2-2　分治算法找假币

对于识别假币问题,如果把问题一般化:n(n为正整数)枚金币中存在1枚质量较轻的假币,那么使用分治算法求解该问题的步骤如下:

步骤1:若n为偶数,则将n枚金币分成两等份并分别放到天平两端,假币在轻的那一端。

步骤2:若n为奇数,则取出1枚金币后将其余金币分成两等份并分别放到天平两端。若天平平衡,则取出的那枚金币即为假币;若天平不平衡,则假币在轻的那一端。

步骤 3：对较轻的那份金币重复操作步骤 1 和步骤 2，直至出现以下两种情况：若最后剩下 1 枚金币，则该金币为假币；若最后剩下 2 枚金币，则将 2 枚金币分别放到天平两端，轻的那枚为假币。

若在 21 枚金币中有 1 枚假币，如何使用分治算法寻找假币？

3. 程序实现

定义 *Coinarr* 数组存放金币，数组中的元素值只能为 1 和 0，1 代表真币，0 代表假币。例如 *Coinarr* = [1,1,1,1,1,1,0,1,1,1,1,1,1,1,1,1]表示袋子中共有 16 枚金币，这些金币编号为 0、1、2、3、4、5、6、7、8、9、10、11、12、13、14、15，其中第“6”枚为假币（编号从 0 开始计算）。构造函数 group( )来对金币进行分组，构造函数 findFalseCoinRecur( )来寻找假币的位置。利用分治算法解决识别假币问题的程序如下所示：

```
#分治算法的应用——识别假币问题
def group(Coinarr):
    n = len(Coinarr)
    group_a = Coinarr[0 : n // 2]
    group_b = Coinarr[n // 2 : n // 2 * 2]
    group_c = Coinarr[n // 2 * 2 : n]   #当 n 为奇数时的余数堆,最大为 1
    if len(group_c) == 1: group_c[0] = n - 1
    return group_a, group_b, group_c
def findFalseCoinRecur(Coinarr, start, n):
    if n == 1: print(f"Fake coin:{start}"); return
    group_a, group_b, group_c = group(Coinarr)
```

```
        suma = sum(group_a)
        sumb = sum(group_b)
        if suma == sumb:        #假币在余数堆
            print(f"Fake coin:{group_c[0]}");
        elif suma < sumb:           #假币在 a 组
            findFalseCoinRecur(group_a, start, n // 2)
        else:                       #假币在 b 组
            findFalseCoinRecur(group_b, start + n // 2, n // 2)
#测试数据
arr = [1, 1, 1, 1, 1, 1, 0, 1, 1, 1, 1, 1, 1, 1, 1, 1]
findFalseCoinRecur(arr, 0, len(arr))
```

采用分治算法解决这个问题，只需要 4 次比较称量。你有更好的解决方法进一步减少称量次数吗？试着编写程序实现你的想法。

2.2.3 递归

在识别假币问题的程序代码中，函数 findFalseCoinRecur( ) 调用了自身。像这种在函数的定义中调用函数自身的方法就是递归。

在分治算法中，原问题被分解成许多形式相同但规模更小的子问题。在编程实现分治算法时，可以采用递归。递归是先将原问题分解为形式相同的子问题，再将子问题向下分解为更小的子问题，以此类推，直到分解的子问题可以直接求解。当获得最小子问题的解后，逐级返回，依次得到上层子问题的解，直至原问题得到解决。递归的基本思想是通过反复调用自身来解决问题。

可以使用递归解决的问题一般具有如下特点：

① 一个问题的解可以分解为几个子问题的解。

② 原问题与子问题形式相同，而数据规模不同。

③ 存在递归终止条件。

下面通过兔子问题来更好地理解递归算法。

2.2.4 兔子问题

意大利数学家斐波那契（Leonardo Fibonacci，约 1170—约 1250）在散步的时候，看到有个男孩在一家院子里用萝卜喂一对兔子。几个月后，斐波那契路过时，发现院子里不再是一对兔子，而是大大小小好多只兔子。斐波那契问道："你又买了些兔子吗？"小男孩回答："没有，这些兔子都是原来那对兔子生的。""一对兔子能繁殖这么多吗？"斐波那契感到吃惊。小男孩回答："兔子的繁殖速度可快了，每个月都要生一次小兔子，并且小兔子出生两个月后，就能够再生小兔子了。"

斐波那契回到家后，又想起了那些兔子：假设一对兔子（一雄一雌）出生后第二个月成熟，第三个月开始每个月生一对小兔子（同样一雄一雌）。假设没有兔子死亡，一年后有几对兔子？

1. 问题分析

第一个月初有一对刚出生的兔子，第三个月起它们可以生育，每月每对可生育的兔子都会生下一对新兔子（如表 2-2 所示）。

表 2-2　前 6 个月兔子的繁殖过程

时间	兔子数量	结论与分析
第 1 个月		1 对兔子
第 2 个月		1 对兔子

（续表）

时间	兔子数量	结论与分析
第3个月		2对兔子(第1个月的兔子繁殖了1对小兔子)
第4个月		3对兔子(第3个月的兔子+第2个月的兔子新繁殖的小兔子)
第5个月		5对兔子(第4个月的兔子+第3个月的兔子新繁殖的小兔子)
第6个月		8对兔子(第5个月的兔子+第4个月的兔子新繁殖的小兔子)

后面可以以此类推：

第7个月的兔子为第6个月的兔子加第5个月的兔子新繁殖的小兔子。

……

第12个月的兔子为第11个月的兔子加第10个月的兔子新繁殖的小兔子。

2. 算法设计

假设在第n个月共有兔子Fib(n)对，其中，成熟的兔子对数等于第$n-1$个月的兔子对数，即Fib($n-1$)，新出生的兔子对数等于第$n-2$个月的兔子对数，即Fib($n-2$)，所以$\text{Fib}(n)=\text{Fib}(n-1)+\text{Fib}(n-2)$。可完整定义(Fib)函数如下：

$$\text{Fib}(n)=\begin{cases}0 & \text{当 } n=0 \text{ 时,}\\ 1 & \text{当 } n=1 \text{ 时,}\\ \text{Fib}(n-1)+\text{Fib}(n-2) & \text{当 } n>1 \text{ 时。}\end{cases}$$

这就是著名的斐波那契数列的递归定义。求解兔子问题中出现的数列1,1,2,3,5,8,13,21,34,…也被称为斐波那契数列。

3. 程序实现

利用递归思想解决兔子问题的程序如下所示：

```
#递归的应用——兔子问题
def Fib (n):
    if n<2:
        return n
    else:
        return Fib (n-1) +Fib (n-2)
#测试函数
print ("请输入 n:")
num=int (input( ))
print ("在第" +str (num) +"个月有" +str (Fib(num)) +"对兔子")
```

递归函数必须满足两个条件：一是必须有递归终止的条件；二是必须有一个与递归终止条件相关的形式参数，并且在递归调用过程中，该参数有规律地递增或递减，越来越接近递归终止条件。以兔子问题为例，Fib( ) 函数的递归终止条件是 $n<2$；与递归终止条件相关的形式参数为 n，n 在递归调用过程中有规律地递减，越来越接近 $n<2$ 这个递归终止条件。

2.3 动态规划算法

分治算法是先将原问题分解为若干个规模较小、形式相同且相互独立的子问题,再求解子问题,最后合并子问题的解得到原问题的解。如果各个子问题有重叠,那么使用分治算法求解时会重复求解多个子问题,造成时间和空间资源的浪费,降低算法的效率。在本节,我们将学习一种避免重复求解子问题以提高算法效率的新算法——动态规划算法。

2.3.1 动态规划算法的概念

动态规划算法遵循“分治”的思想,将一个大问题分解成若干个子问题,然后自底向上,先求解最小的子问题,把结果存储起来。在求解其他子问题时,先查询已存储的子问题的解,以避免重复计算,从而提高算法的效率。

使用动态规划算法解决的问题一般具有以下特点:

(1) 具备最优子结构

最优子结构指的是,问题的最优解包含子问题的最优解,可以通过子问题的最优解推导出问题的最优解。也可以理解为,后面阶段的状态可以通过前面阶段的状态推导出来。

(2) 无后效性

无后效性有两层含义:第一层含义是,在推导后面阶段的状态时,只关心前面阶段的状态值,不关心这个状态是怎么一步一步推导而来的;第二层含义是,某阶段状态一旦确定,就不受之后阶段的决策影响。

（3）重叠子问题

在求解问题的过程中，对于大量重复的子问题只需要求解一次，然后把结果存储起来，需要时可直接查询获得结果，无须再次求解。

使用动态规划算法解决问题的一般步骤如下：

步骤 1：分析最优解的结构特征；

步骤 2：建立递归式；

步骤 3：自底向上计算最优解并记录；

步骤 4：构建最优解（记录决策过程，输出最优方案）。

下面通过生活中的实际问题来探究使用动态规划算法求解问题的一般步骤。

2.3.2 爬楼梯问题

一楼到二楼有一个 10 级台阶的楼梯，在保证安全的情况下，小明可以一次走 1 级台阶，也可以一次走 2 级台阶。尝试计算小明从一楼到二楼有多少种不同的爬楼梯方法。

1. 问题分析

小明如果选择每次都走 1 级台阶，那么他一共需要走 10 步；他也可以选择一次走 2 级台阶，这样他一共需要走 5 步。此外，还可以有别的不同走法，这里要做的就是把所有的走法统计出来。

先考虑小明走最后一步的情况，要么是从第 9 级台阶走 1 级台阶到二楼，要么从第 8 级台阶走 2 级台阶到二楼，也就是说最后一步只能是从第 9 级台阶或者第 8 级台阶开始的。若从一楼走到第 8 级台阶共有 x 种走法，从一楼走到第 9 级台阶共有 y 种走法，那么从一楼走 10 级台阶到二楼的走法一定有 $x+y$ 种。

2. 算法设计

若用 $\mathrm{F}(n)$ 表示有 n 级台阶时的走法数量，当 $n=1$（只有 1 级台阶）时，$\mathrm{F}(1)=1$，当 $n=2$（只有 2 级台阶）时，$\mathrm{F}(2)=2$。

根据前面的分析可得 F(10) = F(9) + F(8)，以此类推可得 $F(n) = F(n-1) + F(n-2)(n \geq 3)$（可借助数学归纳法证明，此处省略），即走法数量符合斐波那契数列。

使用递归求解 F(10)的树形图（部分）如图 2－3 所示。求解 F(10)，需要计算 1 次 F(9)、2 次 F(8)、3 次 F(7)、5 次 F(6)、8 次 F(5)，存在大量的重复计算。n 越大，计算 $F(n)$ 的时候重复计算量就越大，计算时间随着 n 增大成指数级增长。

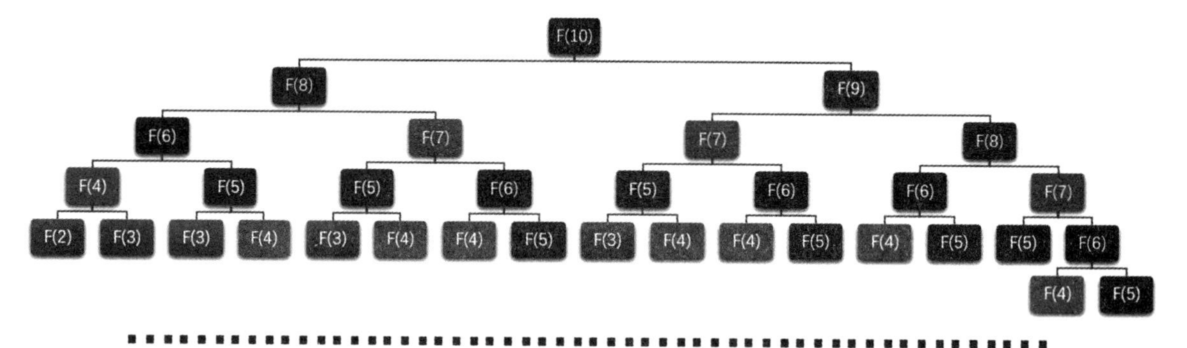

图 2-3　使用递归法求解爬楼梯问题的树形图（部分）

为减少重复计算，可以建立一个"备忘录"，将计算过的 $F(n)$ 的值使用一个列表存储起来，之后的计算需要使用 $F(n)$ 的值时，就可以从列表中直接调用，不再重复计算。

3. 程序实现

利用"备忘录"方法求解爬楼梯问题的程序如下所示：

```
# 利用参数 n 和 memo 来存储计算过的值
def F(n, memo):
    # 若 F(n)的值已经在 memo 中,就直接返回
    if memo[n] is not None:
        return memo[n]
    if n == 1 or n == 2:
        result = n
    else:
```

```
        result = F(n - 1, memo) + F(n - 2, memo)
    # 每次计算的结果都存入 memo
    memo[n] = result
    return result
# 测试函数
print("请输入 n:")
num = int(input())
note = [None] * (num + 1)
print(F(num,note))
```

4. 算法优化

使用“备忘录”的求解方法减少了递归算法中的重复计算,使计算时间有所减少。然而,在“备忘录”方法的基础上还可以继续优化算法,如直接使用自底向上的解决方案,即动态规划算法,其算法设计如下:

定义一个长度为 $n+1$ 的数组 *bottom_up*,从下标 1 开始存储值。当 $n=1$ 时,*bottom_up*[1] =1(只有 1 级台阶时的走法);当 $n=2$ 时,*bottom_up*[2] = 2(只有 2 级台阶时的走法);当 $n \geqslant 3$ 时,*bottom_up*[*i*] = *bottom_up*[*i*-1] + *bottom_up*[*i*-2]。使用该解决方案可以节省更多的时间,程序如下所示:

```
#动态规划算法的应用——爬楼梯问题
def F_bottom_up(n):
    if n == 1 or n == 2:
        return n
    bottom_up = [None] * (n + 1)
    bottom_up[1] = 1
    bottom_up[2] = 2
    for i in range(3, n + 1):
        bottom_up[i] = bottom_up[i - 1] + bottom_up[i - 2]
    return bottom_up[n]
# 测试函数
```

```
print("请输入 n:")
num = int(input())
print(F_bottom_up(num))
```

通过爬楼梯问题的求解可以看出,动态规划算法与分治算法类似,都是通过组合子问题的解来求原问题的解。分治算法会重复求解那些公共子问题,而动态规划算法对于每一个子问题只求解一次,并将该解保存起来,避免重复计算。

2.3.3 购物篮问题

新年将至,妈妈带小兰去超市购物。妈妈交给小兰一个可以承重 4 千克的购物篮,让她在货架上挑选自己喜欢的商品,每种商品最多选一件。假设货架上有下列商品可选(表 2-3),小兰该怎么选择才能使所选商品组合的价格最高?

表 2-3　商品信息表

商品	价格(元)	质量(千克)
文具礼盒	150	1
课外阅读书籍礼盒	300	4
零食大礼包	200	3
玩具汽车	200	1

1. 问题分析

可以尝试使用贪心算法、枚举法、动态规划算法分析该问题,再来判断哪种算法最合适。

(1) 贪心算法

不妨根据先前所学尝试贪心算法,先制订贪心策略,再根据贪心策略选择商品,最后查看能否得到价格最高的商品组合。例如,可以考虑以下 3 种贪心策略:

① 选价格最高的商品:每次挑选价格最高的商品。

② 装尽可能多的商品:按质量从小到大排列,每次挑选质量最轻的商品。

③ 装单位质量价格最高的商品:按价格与质量的比值排序,每次挑选比值最大的商品。

若使用贪心策略 1,每次挑选价格最高的商品,结果如表 2-4 所示。

表 2-4　商品选择表（贪心策略 1）

选择 1	课外阅读书籍礼盒 300 元(4 千克)
选择 2	无
选择 3	无
所选商品总价	300 元(共 4 千克)

若使用贪心策略 2,每次挑选质量最轻的商品,结果如表 2-5 所示。

表 2-5　商品选择表（贪心策略 2）

选择 1	玩具汽车 200 元(1 千克)
选择 2	文具礼盒 150 元(1 千克)
选择 3	无
所选商品总价	350 元(共 2 千克)

若使用贪心策略 3,每次挑选装单位质量价格最高的商品,可以先计算出每种商品的单位质量价格,如表 2-6 所示。

表 2-6　商品的单位质量价格表

商品	价格(元)	质量(千克)	价格/质量比
文具礼盒	150	1	150
课外阅读书籍礼盒	300	4	75
零食大礼包	200	3	66.7
玩具汽车	200	1	200

根据表 2-6 选择商品，结果如表 2-7 所示。

表 2-7 商品选择表（贪心策略 3）

选择 1	玩具汽车 200 元(1 千克)
选择 2	文具礼盒 150 元(1 千克)
选择 3	无
所选商品总价	350 元(2 千克)

通过尝试可知，以上 3 种贪心策略得到的解决方案都不是最优解，需要尝试其他方法。

（2）枚举法

解决该问题也可以采用枚举法，枚举出所有可能的方案。这里一共有 4 种商品，所有可能的商品组合共有2^4（即 16）种，减去任何一种商品都不选择的情况，共有$2^4-1=15$ 种组合。先列举出所有的 15 种组合，再删除总质量大于 4 千克的组合，余下组合中总价最高的就是最终的解决方案。

虽然枚举法能较方便地求解购物篮问题，但是随着商品种类的增多，商品组合的数量呈指数级增长，采用枚举法求解的效率会很低。

- 当商品有 10 种的时候，共有多少种可能的商品组合？
- 当商品有 N 种的时候，共有多少种可能的商品组合？

（3）动态规划算法

解决该问题也可以采用动态规划算法，对所有的商品进行编号(1 ~ 4)，如表 2-8 所示。对于编号为 i 的商品，用w_i表示其质量、v_i表示其价格。

表 2-8　商品编号表

商品编号	商品	价格(元)	质量(千克)
1	文具礼盒	150	1
2	课外阅读书籍礼盒	300	4
3	零食大礼包	200	3
4	玩具汽车	200	1

在购物篮载重量分别为 1 千克、2 千克、3 千克和 4 千克的前提下,按照编号顺序向购物篮中添加商品。在依次向购物篮中添加商品时,对于编号为 i 的商品,存在以下两种状态:

状态一:放入购物篮,购物篮载重量减少 w_i,购物篮中已有商品总价增加 v_i。

状态二:不放入购物篮,购物篮载重量不变,购物篮中已有商品总价不变。

用 $value[i][j]$ 表示前 i 件商品在购物篮载重量为 j 时的最大价值,则 $value[i][j]$ 的计算分两种情况:

① $j < w_i$,即购物篮的载重量小于第 i 件商品的质量,无法放入第 i 件商品。此时 $value[i][j] = value[i-1][j]$。

② $j \geqslant w_i$,即购物篮的载重量大于等于第 i 件商品的质量,可以放或者不放第 i 件商品。此时需要分析,采用哪种选择购物篮中的商品总价更高。

- 放入购物篮:$value[i][j] = value[i-1][j-w_i] + v_i$。
- 不放入购物篮:$value[i][j] = value[i-1][j]$。

即 $value[i][j] = \mathrm{Max}\{value[i-1][j-w_i] + v_i, value[i-1][j]\}$。

2. 动态规划算法设计

按照商品编号 1、2、3、4 的顺序依次向不同载重量的购物篮添加商品。当购物篮载重量为 0 时:$value[i][0] = 0$;当没有商品时,$value[0][j] = 0$。

(1) 向购物篮中添加 1 号商品——文具礼盒

此时 $i = 1$、$w_1 = 1$、$v_1 = 150$,$j = 1$、$j = 2$、$j = 3$、$j = 4$ 时都可以放入(表 2-9)。

表 2-9　添加 1 号商品后的购物篮状态表

value[*i*][*j*]	*j* = 0	*j* = 1	*j* = 2	*j* = 3	*j* = 4
$i=0$	0	0	0	0	0
$i=1$	0	150	150	150	150

（2）继续向购物篮中添加 2 号商品——课外阅读书籍礼盒

此时 $i=2, w_2=4, v_2=300$（表 2-10）。

① $j=1$、$j=2$、$j=3$ 时都满足 $j<w_i$，即购物篮的载重量小于第 2 件商品的质量，只能选择不放入，此时 *value*[2][*j*] = *value*[1][*j*]。

② $j=4$ 时，满足 $j \geqslant w_i$，购物篮的载重量大于等于第 i 件商品的质量，可以考虑放或者不放。

- 放入购物篮：*value*[2][4] = *value*[1][0] + 300 = 0 + 300 = 300。
- 不放入购物篮：*value*[2][4] = *value*[1][4] = 150。

即 *value*[2][4] = Max{300,150} = 300。

表 2-10　添加 2 号商品后的购物篮状态表

value[*i*][*j*]	*j* = 0	*j* = 1	*j* = 2	*j* = 3	*j* = 4
$i=0$	0	0	0	0	0
$i=1$	0	150	150	150	150
$i=2$	0	150	150	150	300

（3）继续向购物篮中添加 3 号商品——零食大礼包

此时 $i=3, w_3=3, v_3=200$（表 2-11）。

① $j=1$、$j=2$ 时都满足 $j<w_i$，即购物篮的载重量小于第 3 件商品的质量，只能选择不放入，此时 *value*[3][*j*] = *value*[2][*j*]。

② $j=3$ 时，满足 $j \geqslant w_i$，购物篮的载重量大于等于第 i 件商品的质量，可以考虑放或者不放。

- 放入购物篮：*value*[3][3] = *value*[2][0] + 200 = 0 + 200 = 200。
- 不放入购物篮：*value*[3][3] = *value*[2][3] = 150。

即 *value*[3][3] = Max{200,150} = 200。

③ $j=4$ 时，满足 $j \geq w_i$，购物篮的载重量大于等于第 i 件商品的质量，可以考虑放或者不放。

- 放入购物篮：$value[3][4]=value[2][1]+200=150+200=350$。
- 不放入购物篮：$value[3][4]=value[2][4]=300$。

即 $value[3][4]=\text{Max}\{350,300\}=350$。

表 2–11　添加 3 号商品后的购物篮状态表

value[i][j]	**j=0**	**j=1**	**j=2**	**j=3**	**j=4**
$i=0$	0	0	0	0	0
$i=1$	0	150	150	150	150
$i=2$	0	150	150	150	300
$i=3$	0	150	150	200	350

（4）继续向购物篮中添加 4 号商品——玩具汽车

此时 $i=4, w_4=1, v_4=200$（表 2–12）。

① $j=1$ 时，满足 $j \geq w_i$，购物篮的载重量大于等于第 i 件商品的质量，可以考虑放或者不放。

- 放入购物篮：$value[4][1]=value[3][0]+200=0+200=200$。
- 不放入购物篮：$value[4][1]=value[3][1]=150$。

即 $value[4][1]=\text{Max}\{200,150\}=200$。

② $j=2$ 时，满足 $j \geq w_i$，购物篮的载重量大于等于第 i 件商品的质量，可以考虑放或者不放。

- 放入购物篮：$value[4][2]=value[3][1]+200=150+200=350$。
- 不放入购物篮：$value[4][2]=value[3][2]=150$。

即 $value[4][2]=\text{Max}\{350,150\}=350$。

③ $j=3$ 时，满足 $j \geq w_i$，购物篮的载重量大于等于第 i 件商品的质量，可以考虑放或者不放。

- 放入购物篮：$value[4][3]=value[3][2]+200=150+200=350$。
- 不放入购物篮：$value[4][3]=value[3][3]=200$。

即 $value[4][3]=\mathrm{Max}\{350,200\}=350$。

④ $j=4$ 时，满足 $j \geq w_i$，购物篮的载重量大于等于第 i 件商品的质量，可以考虑放或者不放。

- 放入购物篮：$value[4][4]=value[3][3]+200=200+200=400$。
- 不放入购物篮：$value[4][4]=value[3][4]=350$。

即 $value[4][4]=\mathrm{Max}\{400,350\}=400$。

表 2-12　添加 4 号商品后的购物篮状态表

value[i][j]	j=0	j=1	j=2	j=3	j=4
i=0	0	0	0	0	0
i=1	0	150	150	150	150
i=2	0	150	150	150	300
i=3	0	150	150	200	350
i=4	0	200	350	350	400

通过表 2-12 可知，$value[4][4]$中存放的就是所求的购物篮中商品的最高价格。

那么，如何知道购物篮中最终放入了哪些商品呢？可以先从表的尾部 $value[4][4]$开始遍历，当数组 $value$ 的元素值大于同一列中上一行的元素值时，表示放入该物品。$value[4][4]>value[3][4]$代表编号为 4 的商品被放入了购物篮，此时购物篮载重量为 $4-w_4=4-1=3$；然后比较 $value[3][3]$ 和 $value[2][3]$，$value[3][3]>value[2][3]$代表编号为 3 的商品也被放入了购物篮，此时购物篮载重量为 $3-w_3=3-3=0$，遍历结束。由此可知，最终放入购物篮的是 3 号商品和 4 号商品。

3. 动态规划程序实现

利用动态规划算法解决购物篮问题的程序如下所示：

```
#动态规划算法的应用——购物篮问题
def dynamicBag(n,m,w,v,x):
    '''
```

```
n 物品的数量
m 购物篮能放入商品的最大质量
w 存放商品质量的列表
v 存放商品价格的列表
x 存储放入购物篮的商品编号的列表
建立二维数组 value[i][j],表示在前 i 个物品中,当载重量是 j 时,放
入购物篮中商品组合的最高价格
'''
#value 中的所有元素初始化为 0
value = [[0 for j in range(m+1)] for i in range(n+1)]
for i in range(1, n+1):  #一件一件地考虑商品
    for j in range(1, m+1):
        value[i][j] = value[i - 1][j]
#购物篮载重量足够,可放入当前商品时,遍历前一个状态考虑是否置换
        if j >= w[i - 1] and value[i][j]\
        < value[i - 1][j - w[i - 1]] + v[i - 1]:
          value[i][j] = value[i - 1][j - w[i - 1]] + v[i - 1]
#最后从结果开始逆推出装入购物篮的商品
j = m
for i in range(n, 0, -1):
#如果多加一件物品之后,价值增大,就将这一件物品加入列表中
    if value[i][j] > value[i- 1][j]:
       x.append(i)
       j = j - w[i-1]      #此时为购物篮剩余的载重量
#返回最大价值,即表格中最后一行最后一列的值
value = value[n][m]
return value
```

```
#测试数据
n = 4 #商品的数量
m = 4 #购物篮能承受的商品最大质量
w = [1,4,3,1] #每个商品的质量
v = [150,300,200,200] #每个商品的价格
x = []
print("最高价格为:",str(dynamicBag(n,m,w,v,x)))
print("商品的索引:",x)
```

通过购物篮问题可以看出,动态规划算法的一个最优状态依赖于多个局部最优的结果,而贪心算法的后一个状态只依赖于最优的前一个状态,这是两者最大的不同之处。

2.4 回溯算法

图2–4是一个迷宫游戏，若空心的圆代表起始位置，实心的圆代表结束位置，黑色的线代表墙，怎样才能从起始位置走到结束位置？

一般走迷宫时，走到交叉路口的时候会记录当前的位置，选择任意一条线路前进，若发现该路走不通，则退回到刚才记录的位置，并标记刚才走过的路为死路，再尝试下一条线路。像这种走不通就退回的方法称为回溯。回溯算法是一种“能进则进，进不了则换，换不了则退”的搜索方法，在不断尝试的过程中寻找问题的解。回溯算法在迷宫路径搜索中很常见，四皇后问题也是应用回溯算法的经典案例。

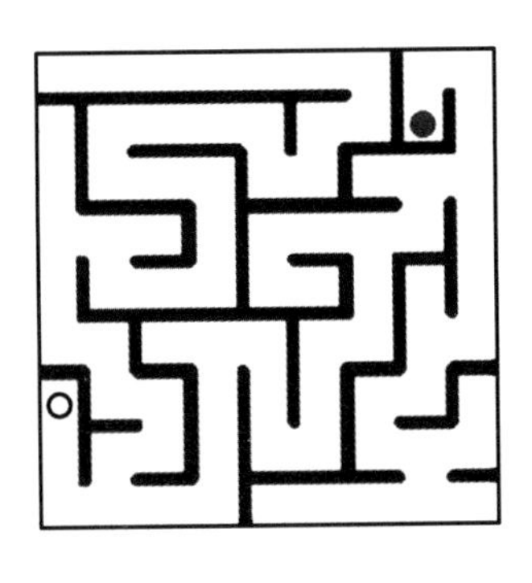

图2–4　迷宫游戏图

2.4.1 回溯算法的概念

回溯算法是一种选优搜索法，适用于搜索问题和优化问题。回溯算法按选优条件逐步向下搜索以达到目标，若搜索到某一步时，发现当前选择并不是最优或无法达到目标,就会退回到上一步重新选择。满足回溯条件的某个状态的点称为"回溯点"。

一个问题的解决方案可以看作是由若干个小的决策构成的一个决策序列,所有可能的决策序列构成了该问题的解空间。解空间中满足约束条件的决策序列称为可行解,在约束条件下使目标达到最优的可行解称为该问题的最优解。通常将所有的决策序列用树的形式来表示,称为解空间树。

使用回溯法求解问题的过程,也就是在问题的解空间树中遍历各个结点的过程。在遍历结点的过程中,若当前结点满足约束条件,就向下一层结点继续搜索;若当前结点不满足约束条件,就退后到该结点的父结点(回溯)继续遍历,直到这棵树全部被遍历。

在构建解空间树的过程中,会出现以下不同种类的结点。

① 活结点:自身已经生成且其所有的子结点尚未全部生成的结点。

② 死结点:不再进一步扩展或其子结点已全部生成的结点。

③ 扩展结点:正在生成其子结点的活结点。

遍历解空间树的一般步骤如下:

步骤1:从根结点(初始状态)出发搜索解空间树,根结点成为活结点,同时也成为当前的扩展结点。

步骤2:从扩展结点开始向下搜索。

步骤3:若在当前的扩展结点处不能继续向下搜索,则当前扩展结点转变为死结点,向上回溯至最近的活结点,并使这个活结点成为当前的扩展结点。

步骤4:重复步骤2~3,直至解空间树中已无活结点为止。

利用回溯算法求解的一般步骤如下:

步骤1:确定解的形式,把问题的解用一个 n 元组描述。

步骤2:设置约束函数(判断是否可以继续向下搜索),构造问题的解空间树(包含问题的所有解)。

下面通过四皇后问题来探究使用回溯算法求解问题的一般步骤。

2.4.2 四皇后问题

四皇后问题是一个古老而著名的问题,要求在一个 4×4 的棋盘上放置

4 个皇后，使任意两个皇后都不在同一行、同一列或同一条对角线上，求共有多少种不同放法。

1. 问题分析

按照回溯的算法思想，可以利用试探法找到问题的解。由于 4 个皇后只能被放置在不同的行上，将皇后按照 1～4 编号，逐行分析它们的位置。可按照以下方法进行尝试：

① 放置皇后 1：在棋盘的第 1 行第 1 列放置皇后 1（见图 2–5，灰色的格子代表下一个皇后可以放置的位置）。

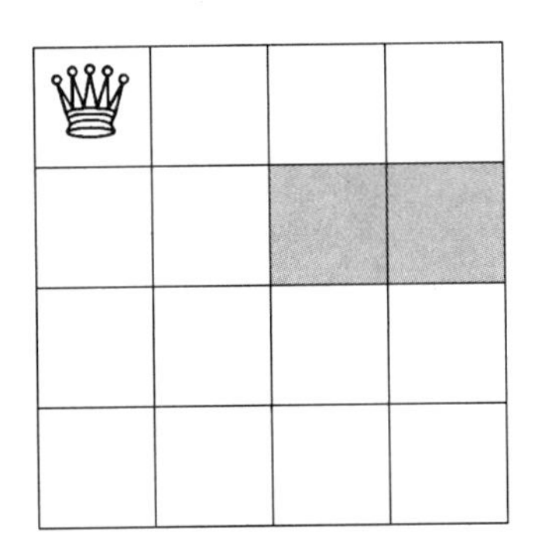

图 2–5　放置皇后 1

② 放置皇后 2：皇后 2 可以被安排在第 2 行第 3 列或第 4 列。先把皇后 2 安排在第 2 行第 3 列（图 2–6）。

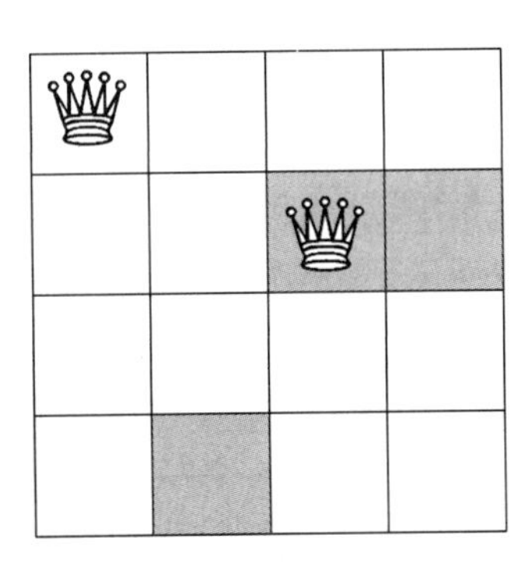

图 2–6　放置皇后 2

③ 放置皇后 3：皇后 3 只能被安排在第 4 行第 2 列（图 2–7）。

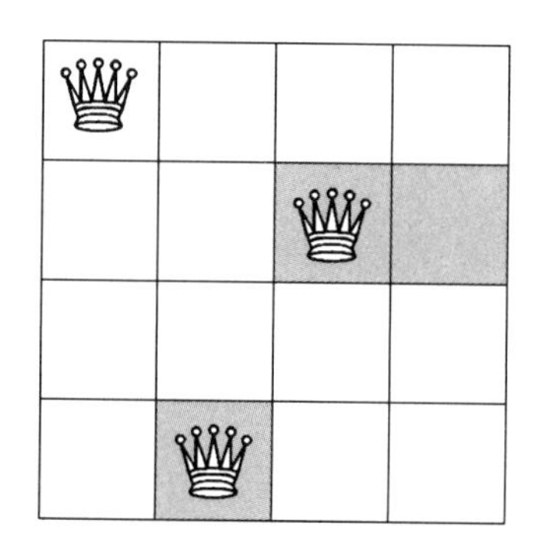

图 2-7　放置皇后 3

④ 此时发现皇后 4 无处可放,开始回溯:先退到皇后 3,发现皇后 3 的位置无法更改,继续后退到皇后 2。从图 2-6 中可以看出,皇后 2 还可以被安排在第 2 行第 4 列,重新放置皇后 2(图 2-8)。

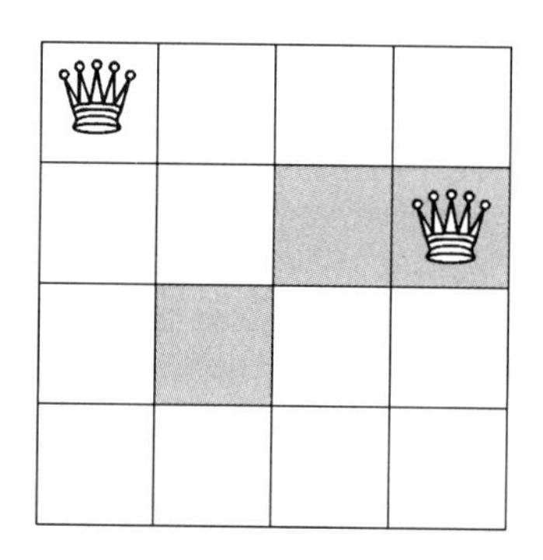

图 2-8　回溯后重新放置皇后 2

⑤ 重新放置皇后 3:皇后 3 只能安排在第 3 行第 2 列(图 2-9)。

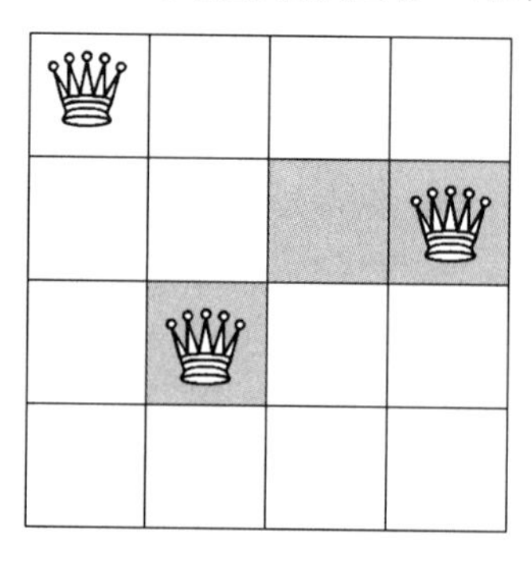

图 2-9　回溯后重新放置皇后 3

⑥ 此时发现依然没有地方放置皇后 4，继续回溯：退到皇后 3，发现皇后 3 也无位置可换，再退到皇后 2，发现皇后 2 的两种可能位置都尝试过了，结果都不对（皇后 2 也无位置可换）。然后退到皇后 1，将皇后 1 重新放置在第 1 行第 2 列（图 2–10）。

图 2–10　回溯后重新放置皇后 1

⑦ 放置皇后 2：皇后 2 只能放置在第 2 行第 4 列（图 2–11）。

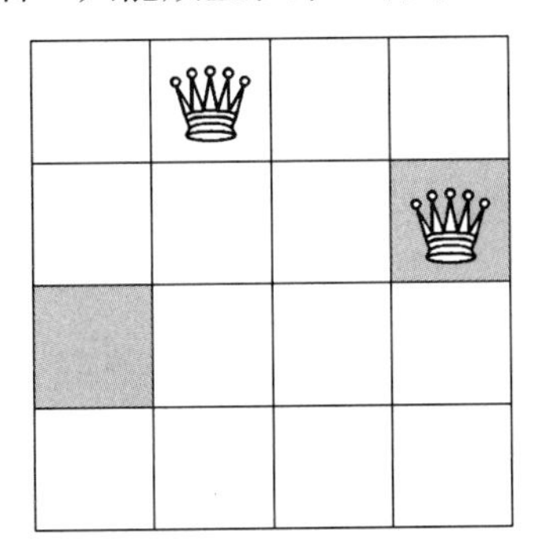

图 2–11　重新放置皇后 2

⑧ 放置皇后 3：皇后 3 只能放置在第 3 行第 1 列（图 2–12）。

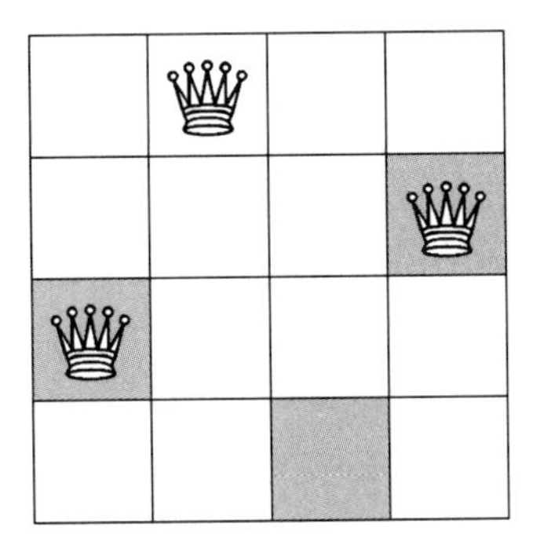

图 2–12　重新放置皇后 3

⑨ 放置皇后 4:皇后 4 只能放置在第 4 行第 3 列(图 2–13)。

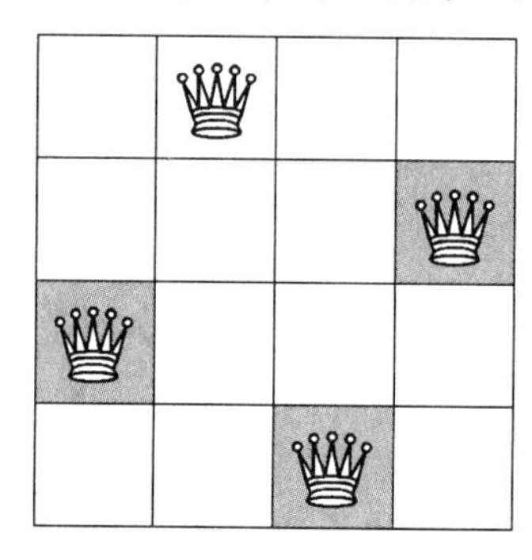

图 2–13　重新放置皇后 4

至此,4 个皇后的位置安排妥当,已找到第一种解。

在上述过程中,每次放置皇后时都需要根据已放置皇后的位置选择当前位置,会出现两种情况:若没有找到可放置的位置,则说明前一个皇后放置的位置不对,需要回溯到上一个状态,改变前一个皇后的位置,然后判断当前皇后能否找到合适的位置;若找到可以放置的位置,则放置皇后并记录该位置。继续放置下一个皇后,直到所有皇后都被放好,并记录这一种解。

找到一种解法后,回溯到初始状态,改变第一个皇后放置的位置,重复上述过程,找出剩余的解。

2. 算法设计

使用回溯算法解决问题时,一般先确定解的形式。对于四皇后问题,可以把问题的解规范为一个四元组(x_1,x_2,x_3,x_4),其中 x_i 为第 i 个皇后的摆放位置(所在列数),x_i的取值范围为{1,2,3,4}。

通常,一个复杂问题的解决方案是由若干个小的决策步骤组成的决策序列,如四皇后问题的决策序列对应的是依次对 4 个皇后进行的位置选择。这个问题的求解过程就相当于在对应的解空间树中搜索,寻找满足约束条件的解。

用树的形式来描述四皇后问题的求解过程(图 2–14)。根结点为初始状态，棋盘上无任何皇后。从第 1 行开始放置皇后，逐行放置。每一行的皇后都有 4 个可选择的位置，但是每次放置时都要遵循约束条件（任意两个皇后都不在同一行、同一列或同一条对角线上）。从第 2 层开始，每一个子结点都是父结点对下一个皇后摆放位置的一次尝试。如果新建的子结点不满足约束条件，则退回到父结点，进行下一次搜索。由于要放置 4 个皇后，所有可能的解都在第 5 层的子结点上。

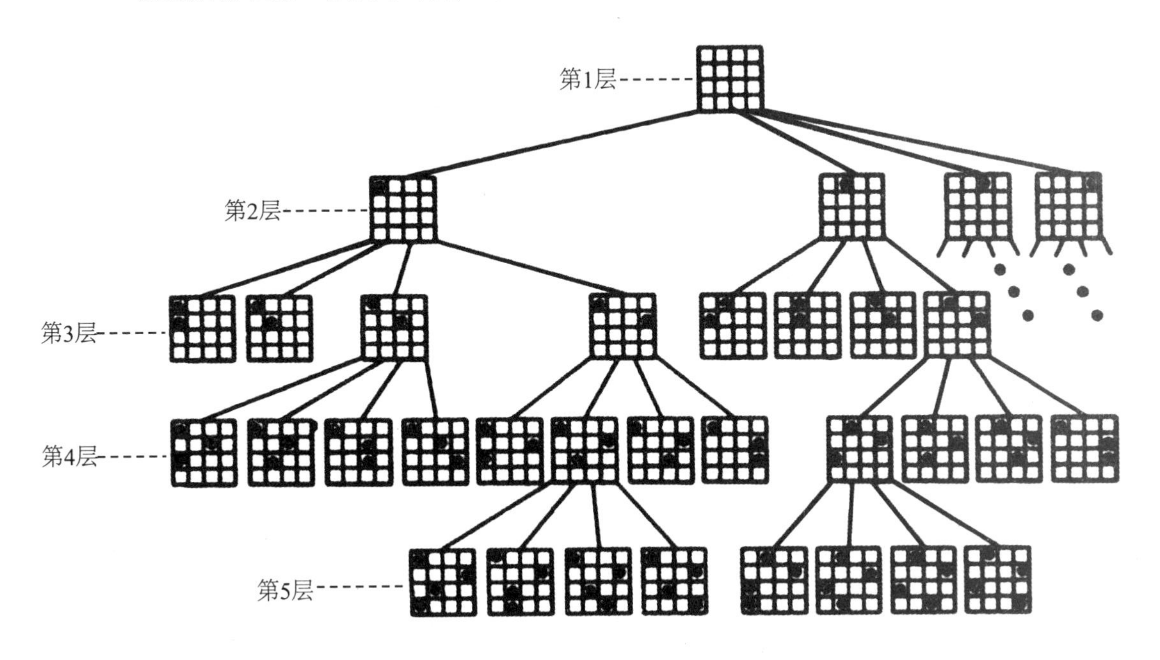

图 2–14　四皇后问题的棋盘状态树（部分）

3. 程序实现

对于棋盘上的每个位置，用一个二元组（*row*，*col*）来表示，*row* 为行号，*col* 为列号，整个棋盘的大小为 4 × 4，因此 *row* 和 *col* 的取值范围均为｛0，1，2，3｝。

在棋盘上任意放置皇后的时候，都要满足约束条件：任意两个皇后都不在同一行、同一列或同一条对角线上。同一行是 *row* 相同，同一列是 *col* 相同，对角线则需要考虑左斜线和右斜线两种情况，如图 2–15 所示。

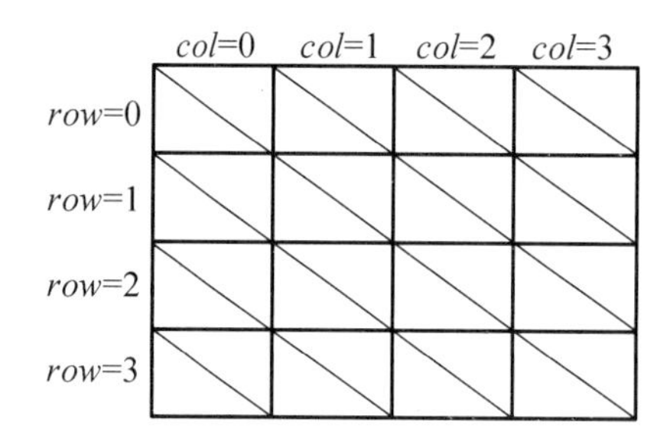

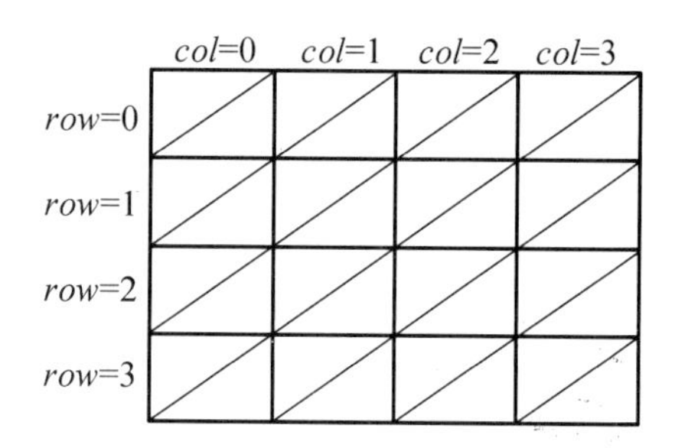

图 2-15　左斜线和右斜线

左斜线：从左上到右下，同一斜线上的格子 $row-col$ 的值相等。例如 (0,0) 和 (3,3) 在同一条左斜线上，$row-col$ 的值都为 0。

右斜线：从右上到左下，同一斜线上的格子 $row+col$ 的值相等，例如 (3,0) 和 (0,3) 在同一条右斜线上，$row+col$ 的值都为 3。

定义 isNotConflict(*queen*, *row*) 函数，判断当前位置是否和已放置的皇后冲突，冲突的情况下返回 False，不冲突的情况下返回 True。*queen* 是一个记录皇后放置位置的列表，*queen*[*i*] 记录了第 $i+1$ 行皇后所在的列。利用回溯算法解决四皇后问题的程序如下所示：

```
#回溯算法的应用——四皇后问题
#判断是否冲突
def isNotConflict(queen, row):
    for i in range(0, row):
        #"\"符号表示代码将在下一行继续
        if queen[i] == queen[row] or (row - queen[row] == i - queen[i])\
        or (row + queen[row] == i + queen[i]):
            return False
    return True
#输出皇后的摆放位置
def show(queen,n):
    for i in range(0,n):
        print( queen[i])
```

```
    print("\n")
sum = 0                                        #记录解法总数
def put_queen(queen, row):                     #回溯法放置皇后
    #如果到达最后一行,那么肯定得到一种新解法
    if row == len(queen):
        show(queen,len(queen))                 #输出皇后位置
        global sum
        sum += 1                               #更新解法总数
        return sum
    #循环判断每列是否可以放置皇后
    for column in range(0, len(queen)):
        queen[row] = column
        if isNotConflict(queen, row):
            put_queen(queen, row + 1)
def main():
    queen = [None] * 4
    put_queen(queen, 0)
    print("一共有" + str(sum) + "种解法")
if __name__ == '__main__':
    main()
```

运用回溯的算法思想,可以解决日常生活中的哪些问题?

2.5

最短路径问题

小明住在“幸福三村”，就读于“前进中学”，他每天骑自行车上下学。为了节约上下学时间，他准备找一条最短的路线。查阅地图后，小明将家和学校之间的路线，绘制成如图 2-16 所示的简化版路线图，他需要从中找出最短的路线。其实，小明遇到的是人们在日常生活中常遇到的问题，这也是计算机算法研究的热点——最短路径问题。相关算法具有重要的实用价值，被广泛应用于交通运输系统、应急救援系统和电子导航系统等。

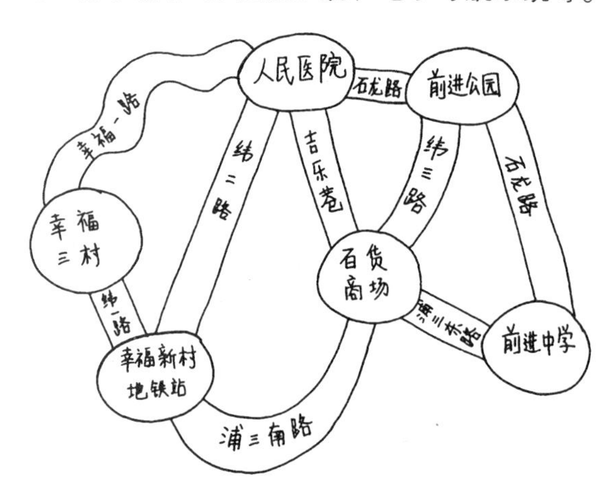

图 2-16　小明家与学校之间的简化版路线图

2.5.1　“图”的概念

图(Graph)是由顶点的有穷非空集合和顶点之间的边的集合组成的一种非线性数据结构，通常表示为 $G(V,E)$，其中 G 表示一个图，V 为图 G 中顶点的集合，E 是图 G 中边的集合。

依据边是否有方向，图可分为有向图（图 2–17）和无向图（图 2–18）两类。图中的边还可附带权重，表示顶点间关系的具体细节，如图 2–19 所示。依据边是否有权重，图可以分为有权图和无权图。

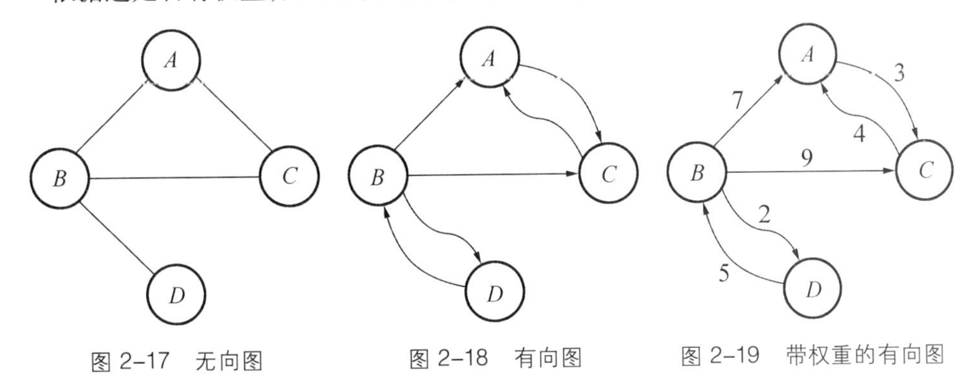

图 2–17　无向图　　图 2–18　有向图　　图 2–19　带权重的有向图

图是一种比线性表和树更复杂的数据结构，图中任意两个顶点之间都可能存在关系。

2.5.2 Dijkstra 算法的应用

1. 问题分析

为了方便分析问题，我们可以用点和线将图 2–16 抽象成如图 2–20 所示的路径图。小明家在顶点 0，学校在顶点 5，顶点之间的距离用线上的数字表示（单位为 100 米）。

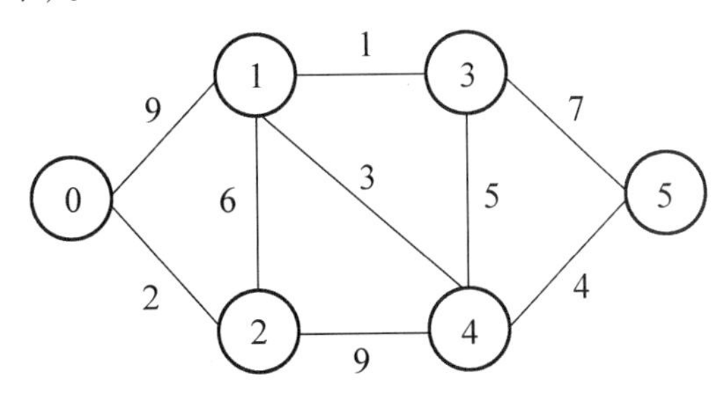

图 2–20　路径图

这样，就将现实生活中的路线图抽象成了计算机科学中的“图”，将要解决的实际问题转换成了找到顶点 0 到顶点 5 的最短距离及路线。

利用图,可以将现实生活中的关系进行抽象化处理,如人际关系图、地铁线路图等,生活中图还能有哪些应用?

2. 算法设计

用于求解顶点0(也称源点)到顶点5的最短路径问题的算法有很多,我们可以尝试采用Dijkstra算法,该算法是应用广泛的求解最短路径的算法之一,适用于所有边的权重都为非负的情况。

使用Dijkstra算法解决问题的基本步骤如下(假设源点为v_0,连接顶点v_i和顶点v_j的边的权重为w_{ij}):

步骤1:建立集合S,S初始状态为空;建立数组D,$D[v_i]$表示源点到顶点v_i的最短累计距离,初始$D[v_0]=0$,其余元素值为无穷大。

步骤2:从不在集合S的顶点中选择$D[v_i]$最小的顶点v_i,加入集合S。

步骤3:计算源点到顶点v_i的每个邻接点v_j的累计距离(即$D[v_i]+w_{ij}$),若累计距离小于当前的$D[v_j]$,则用该距离更新$D[v_j]$。

步骤4:重复步骤2~3,直至集合S包含所有顶点,算法结束。

应用Dijkstra算法解决最短路径问题的主要步骤如下:

步骤1:针对小明家到学校的图,建立集合S。S中的元素是已经确定了到源点路径最短的顶点,S初始状态为空。建立所有顶点的集合V。用数组D记录当前每个顶点到源点的最短路径长度,$D[0]$的初始状态为源点到自身的距离,值为0,其他顶点的值为无穷大,如图2-21所示。用w_{ij}表示图中连接顶点v_i和顶点v_j的边的权重。

步骤2:在集合$V-S$(V与S的差集)中寻找$D[v_i]$最小的顶点v_i,即集合$V-S$中距离源点最近的顶点,将其加入集合S。对于初始状态数组$D[0,\infty,\infty,\infty,\infty,\infty]$,$v_i$就是顶点0。

步骤3:计算源点到v_i邻接点的累计距离,并将其与该邻接点对应的数

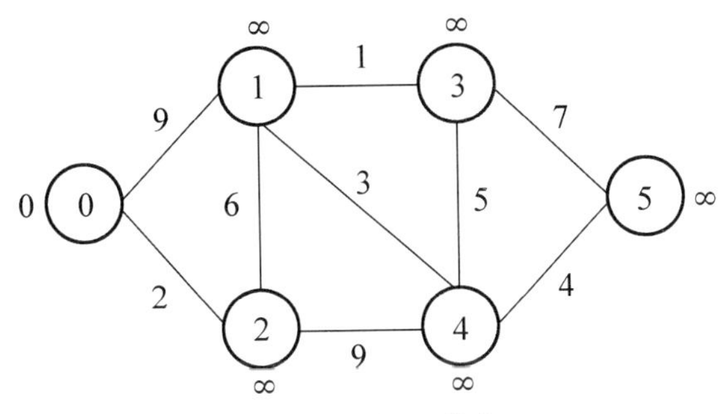

图 2-21　初始状态

组 D 的元素值进行比较,用较短的距离更新数组 D。源点到邻接点(顶点 1 和顶点 2)的累计距离分别为 $D[0]+w_{01}=0+9=9$、$D[0]+w_{02}=0+2=2$,因为新计算的源点到顶点 1 和顶点 2 的累计距离分别比 $D[1]$ 和 $D[2]$ 小,所以更新 $D[1]$ 和 $D[2]$,数组 D 更新为$[0,9,2,\infty,\infty,\infty]$,如图 2-22 所示。

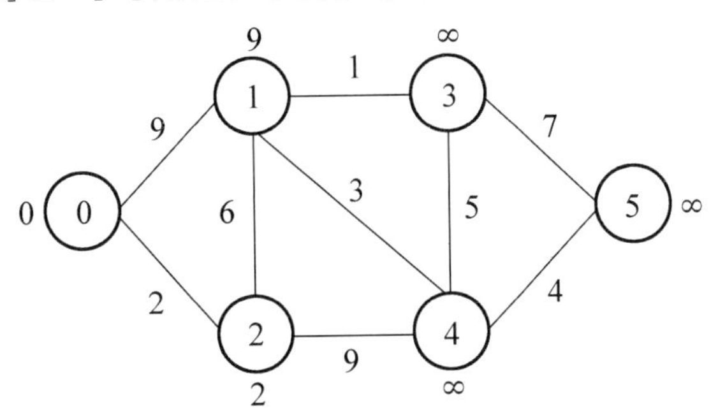

图 2-22　集合 S 中加入顶点 0

步骤 4:重复步骤 2 ~ 3,先从集合 $V-S$ 中选出 $D[v_i]$ 最小的顶点,即顶点 2,加入集合 S。再计算源点到顶点 2 的邻接点的累计距离,即到顶点 0 为 $D[2]+w_{20}=2+2=4$,到顶点 1 为 $D[2]=w_{21}=2+6=8$,到顶点 4 为 $D[2]+w_{24}=2+9=11$,比较后更新数组 D 为$[0,8,2,\infty,11,\infty]$,如图 2-23 所示。

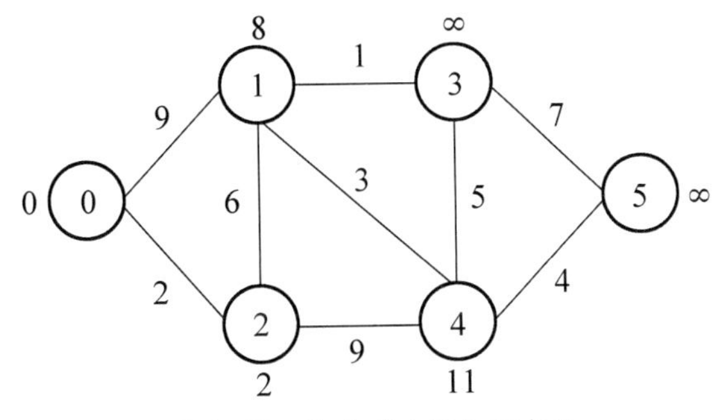

图 2-23　集合 S 中加入顶点 2

按上述方法继续寻找顶点，直至集合 S 包含全部顶点，此时数组 D 中存储的所有元素就是从源点到所有其他顶点的最短路径长度。

邻接矩阵是存储图的方式之一，用一个 $n\times n$（n 表示顶点数）的二维矩阵存储图中顶点之间的邻接关系。对有权图而言，邻接矩阵中第 i 行第 j 列的值表示顶点 v_i 到顶点 v_j 的权重，如果顶点间不存在边或者边的首尾顶点相同，则权重的值为无穷大。表示图 2-20 的邻接矩阵如图 2-24 所示。

$$A=\begin{pmatrix} \infty & 9 & 2 & \infty & \infty & \infty \\ 9 & \infty & 6 & 1 & 3 & \infty \\ 2 & 6 & \infty & \infty & 9 & \infty \\ \infty & 1 & \infty & \infty & 5 & 7 \\ \infty & 3 & 9 & 5 & \infty & 4 \\ \infty & \infty & \infty & 7 & 4 & \infty \end{pmatrix}$$

图 2-24　用邻接矩阵表示图

3. 程序实现

利用 Dijkstra 算法解决最短路径问题的程序如下所示：

```
#Dijkstra 算法的应用——最短路径问题
#确定顶点数量
NODE_NUM = 6
#建立由全体顶点构成的集合
FULL_SET = set(range(NODE_NUM))
#创建邻接矩阵，初始所有元素为无穷大，通过实际输入的图进行更新
#_为占位符，无实际作用
cost = [[float("inf")for _ in range(NODE_NUM)]for _ in range(NODE_NUM)]
#实现寻找不在集合 S 中的顶点 i，满足 D[i]最小
def find_min(S,D):
    min_num = float("inf")
    for i in range(NODE_NUM):
        if i not in S and D[i] < min_num:
```

```
            min_num = D[i]
            min_node_num = i
    return min_node_num
def dijkstra(g,end_node_num):
    #建立空集合S
    S = set()
    #建立数组D并将源点值设置为0
    D = [float("inf")for _ in range(NODE_NUM)]
    D[0] =0
    while S != FULL_SET:
        min_node = find_min(S,D)
        S.add(min_node)
        for j in g[min_node].keys():
            if D[j] > D[min_node] + cost[min_node][j]:
                D[j] = D[min_node] + cost[min_node][j]
    return D[end_node_num]
#创建图g的邻接矩阵
g = {0:{1:9,2:2},1:{0:9,2:6,3:1,4:3},2:{0:2,1:6,4:9},\
3:{1:1,4:5,5:7},4:{1:3,2:9,3:5,5:4},5:{3:7,4:4}}
for node_i in g.keys():
    for node_j in g[node_i].keys():
        cost[node_i][node_j] =g[node_i][node_j]
min_distance = dijkstra(g,5)
print("最短距离为",min_distance)
```

单元小结

思维导图

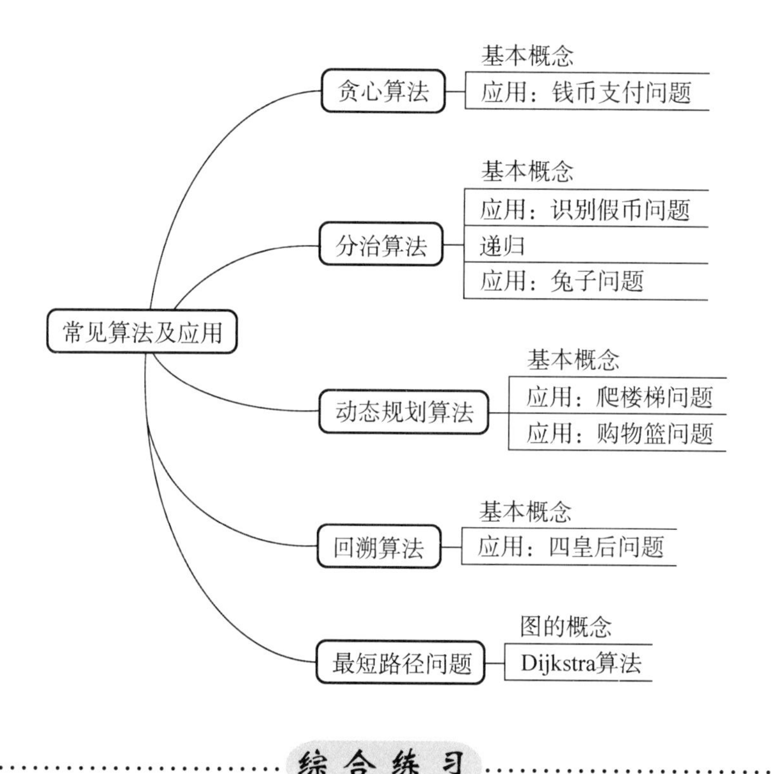

综合练习

一、单选题

1. 二分搜索的搜索过程从数组的中间元素开始,若中间元素恰好是要查找的元素,则搜索过程结束;若中间元素大于(或小于)指定元素,则在数组小于(或大于)中间元素的那一半中查找,以此类推。这种搜索算法每一次比较都使搜索范围缩小一半,是利用________思想实现的算法。

A. 分治　　B. 动态规划

C. 贪心　　D. 回溯

2. 分治算法要求原问题和子问题________。

A. 问题规模相同，问题性质相同

B. 问题规模相同，问题性质不同

C. 问题规模不同，问题性质相同

D. 问题规模不同，问题性质不同

3. 关于贪心算法，以下说法中不正确的是________。

A. 使用贪心算法总是能找出问题的最优解

B. 使用贪心算法总是能找出问题的可行解

C. 贪心算法寻求局部最优解，从而逐步解决全局问题

D. 贪心算法按照贪心策略作出决策

4. n个人拎着水桶在一个水龙头前面排队打水，水桶有大有小，水桶必须打满水，水流恒定。下列说法不正确的是________。

A. 让水桶大的人先打水，可以使得每个人排队时间之和最少

B. 让水桶小的人先打水，可以使得每个人排队时间之和最少

C. 让水桶小的人先打水，在某个确定的时间 t 内，可以让尽可能多的人打完水

D. 若要在尽可能短的时间内使 n 个人都打完水，按照什么顺序其实都一样

5. 动态规划算法的基本要素包含________。

A. 最优子结构与贪心选择　　B. 重叠子问题与贪心选择

C. 最优子结构与重叠子问题　　D. 无后效性与贪心选择

6. “备忘录”方法是________算法的变型。

A. 分治　　B. 动态规划　　C. 贪心　　D. 回溯

7. 迷宫问题常使用________算法来求解。

A. 贪心　　B. 分治　　C. 动态规划　　D. 回溯

8. ________是贪心算法与动态规划算法解决问题的共同点。

A. 重叠子问题　　B. 最优子结构

C. 自底向上　　D. 贪心策略

9. 使用 Dijkstra 算法求图 2-25 中从顶点 1 到其他顶点的最短路径，得到的各最短路径的目标顶点依次是________。

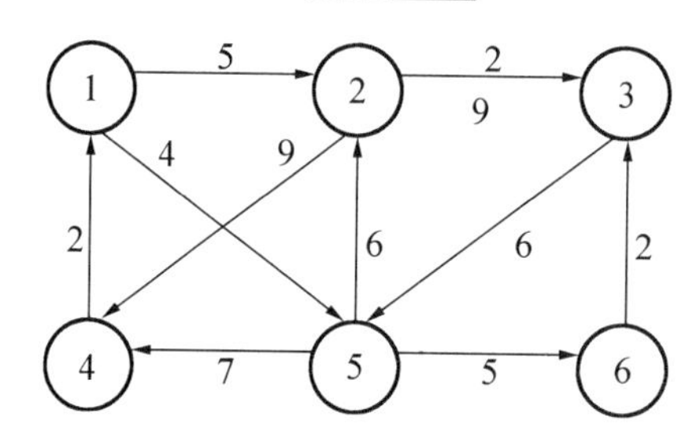

图 2-25　有向路径图

A. 5，2，6，3，4　　B. 5，2，3，6，4

C. 5，2，4，3，6　　D. 5，2，3，4，6

10. 在问题的解空间树中，回溯算法按________策略遍历结点，从根结点出发搜索解空间树。

A. 深度优先　B. 扩展结点优先　C. 活结点优先　D. 广度优先

二、填空题

1. 战国时期，秦国采取了“远交近攻，逐个击破”的策略，这属于算法中的________思想。

2. 动态规划算法的一个最优状态依赖于多个局部最优的结果，而________算法后一个状态只依赖于最优的前一个状态。

3. 解空间树中的扩展结点在转变为________之前，一直是扩展结点。

4. 图 2-26 中顶点 0 到顶点 8 的最短距离为________。

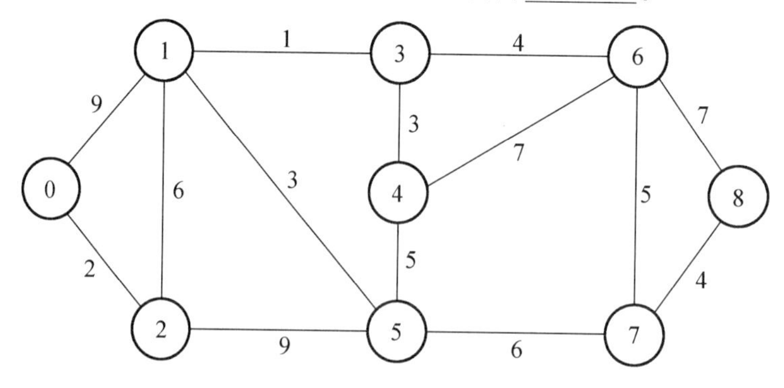

图 2-26　路径图

5. 汉诺塔问题是递归算法的经典应用：将 n 个尺寸不同的空心圆盘（小圆盘叠在大圆盘之上）从 A 柱移至 C 柱，移动过程中可以临时存放在 B 柱（图 2–27）。具体的圆盘移动规则如下：

① 大圆盘不能置于小圆盘之上；

② 每次只能移动位于任一柱子顶部的圆盘，放在其他两根柱子上。

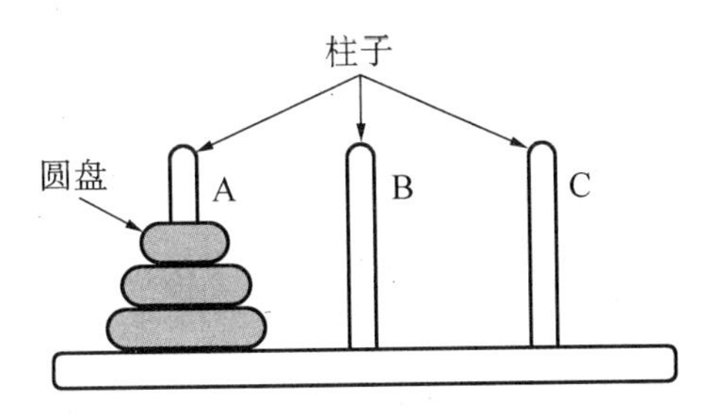

图 2–27　汉诺塔问题

解决汉诺塔问题的程序如下所示，hanoi(3,"A","C","B")的输出结果是____。

```
#递归的应用——汉诺塔问题
def hanoi(n,start,fin,temp):
    if n == 1:
        print(start,"→",fin,end=" ")
    else:
        hanoi(n-1,start,temp,fin)
        hanoi(1,start,fin,temp)
        hanoi(n-1,temp,fin,start)
```

三、综合题

1. 请写出图 2–28 所示有向图的邻接矩阵。

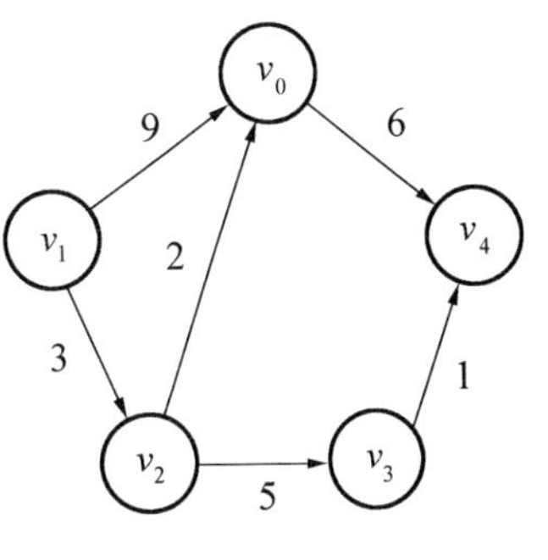

图 2–28　有向路径图

2. 计算阶乘是一个典型的递归问题。归纳使用递归方法计算阶乘，并编写程序。要求输入一个任意的自然数 n，求 $n!$。

$$n! = \begin{cases} 1 & n=0, \\ n(n-1)! & n>0。 \end{cases}$$

① 填写表 2-13。

表 2-13　求阶乘的要素表

递归终止的条件	
形式参数变化(递增或递减)的规律	

② 编写使用递归方法求 $n!$ 的程序。

参考答案

一、单选题

1. A　2. C　3. A　4. A　5. C　6. B　7. D　8. B　9. B　10. A

二、填空题

1. 分治　2. 贪心　3. 死结点　4. 20

5. A→C　A→B　C→B　A→C　B→A　B→C　A→C

三、综合题

1.
$$A=\begin{pmatrix} \infty & \infty & \infty & \infty & 6 \\ 9 & \infty & 3 & \infty & \infty \\ 2 & \infty & \infty & 5 & \infty \\ \infty & \infty & \infty & \infty & 1 \\ \infty & \infty & \infty & \infty & \infty \end{pmatrix}$$

2.

递归终止的条件	当 $n=0$ 时,$0!=1$
形式参数变化(递增或递减)的规律	$n! = n\times(n-1)!$

实现阶乘的程序:

```
#递归的应用——计算阶乘
def fact(n):
    if n<1:
```

```
    return 1
else:
    return n * fact(n-1)
#测试函数
print("请输入自然数 n:")
n = eval(input())
print(n,"的阶乘为",fact(n))
```

第3单元

算法分析

秦朝末年，楚汉相争。在一次战斗中，韩信率1500名将士与楚王大将李锋交战。苦战一场后，楚军不敌，败退回营，于是，韩信整顿兵马也返回大本营。当行至一山坡，忽有后军来报，说有楚军骑兵追来。只见远方尘土飞扬，杀声震天。汉军本来已十分疲惫，这时队伍大哗，韩信兵马到坡顶，见来敌不足五百骑，便急速点兵迎敌。他命令士兵3人一排，结果多出2名；命令士兵5人一排，结果多出3名；命令士兵7人一排，结果又多出2名。于是韩信马上向将士们宣布："我军有1073名勇士，敌人不足五百人，我们居高临下，以众击寡，一定能打败敌人。"韩信是如何快速计算士兵人数的呢？

其实我国南北朝时期的数学著作《孙子算经》中有一个叫做"物不知数"的问题，原文为："有物不知其数，三三数之剩二，五五数之剩三，七七数之剩二。问物几何？"意思是一个正整数除以3余2，除以5余3，除以7余2，求这个正整数。

通常人们可能首先想到的是逐个尝试正整数的方法，但是此方法效率太低，而且对于多个答案无法用通项式表示。最初对"物不知数"问题作出完整系统解答的是宋朝数学家秦九韶，该解答载于1247年《数书九章》卷一、二"大衍类"中。明朝数学家程大位在《算法统宗》中将解法编成易于上口的歌诀："三人同行七十稀，五树梅花廿一支，七子团圆正半月，除百零五便得知。"这个歌诀给出了模数为3、5、7时的同余方程的秦九韶解法。意思是：将除以3得到的余数乘以70，将除以5得到的余数乘以21，将除以7得到的余数乘以15，全部加起来后再减去105的倍数，得到的差就是答案。用数学语言表示，即 $23+105n, n\in \mathrm{N}$，韩信点的兵在1000～1100之间，应该是 $23+105\times 10=1073$ 人。

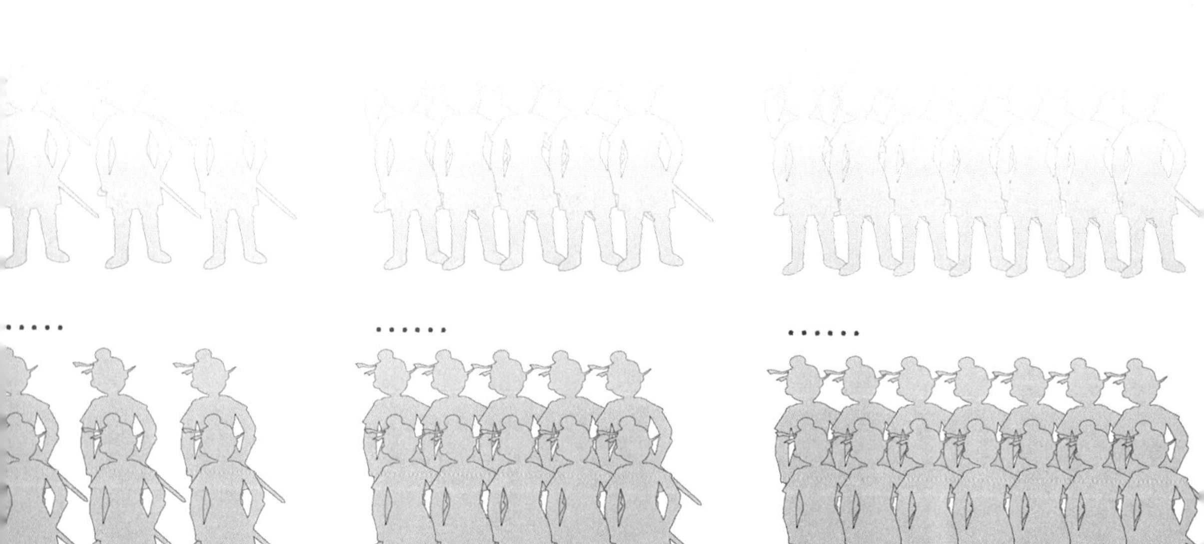

从韩信点兵的例子可以体会到，一个问题的解决可以采用简单却低效的算法，也可采用需要时间总结规律但高效的算法。显然，设计一个高效的算法来迅速得到人们需要的结果，是非常必要的。

在前面的单元中，我们已经学习了许多常见算法。事实上，解决同一个问题往往不限于一种算法，并且同一算法也可以有多种实现方式。虽说"条条大路通罗马"，但是每条路线所耗费的代价并不一定相同，我们需要从某些维度对所使用的算法进行分析，评测计算机执行算法时所付出的代价，以便选择更高效的算法解决问题。

本单元将从比较解决同一个排序问题的不同算法出发，分析算法的效率。

学习目标

1. 掌握常用的排序算法的原理与实现方法。

2. 通过比较解决同一问题的不同算法，体验算法效率的差别。

3. 掌握算法分析的一般方法和过程，通过计算算法的时间复杂度和空间复杂度分析算法的效率。

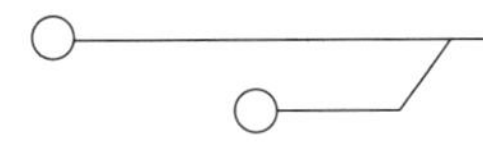

3.1

解决同一问题的不同算法

在日常生活中，我们经常会遇到需要排序的情况，如玩扑克牌时将手里的牌从小到大排序、根据预约时间先后安排患者就诊等，还有商品销量排行榜、流行音乐热度排行榜、今日股票涨幅排行榜等也都要用到排序。在计算机中，排序也是一种常见操作，如文件按大小、类型等方式排序，购物网站中的商品搜索结果按价格、销量等方式排序……排序可以帮助人们清晰地处理数据，解决问题。人们从日常生活经验中总结出许多经典的排序算法，不同的算法各有其特点。

3.1.1 插入排序

1. 分析摸牌时的理牌步骤

在玩扑克牌的时候，洗完牌后大家需要轮流摸牌。玩家每摸一张牌，一般会把新牌与手上现有的牌依次（如从右到左）比较，找到合适的位置后，将新牌插入，使得手上的牌有序排列。

例如，假设手里已经有了 4 张牌(3,4,5,7)且从左至右按照从小到大的顺序排列，现在新摸了一张 6。习惯的做法是将这张 6 从右到左依次与现有的牌比较大小，如果比当前比较的牌小，则继续向左比较；如果比当前的牌大，则将摸到的牌插入当前牌右侧。因此，这张 6 被插入至 5 和 7 中间，如图 3-1 所示。

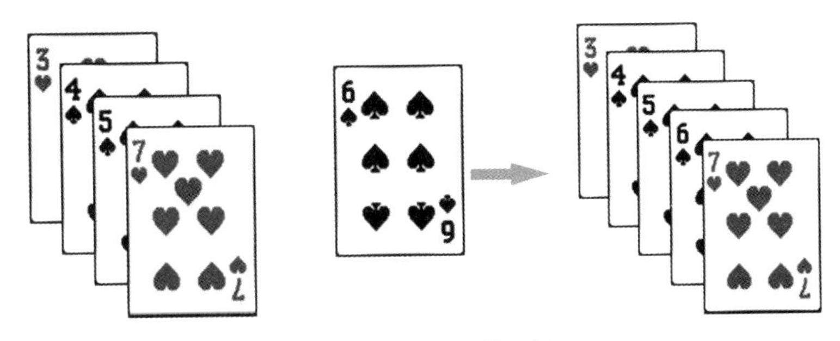

图 3–1　插入新摸的牌

以上这种理牌过程采用的就是插入排序算法。

2. 描述插入排序算法

参考以上的理牌方法,如何对一组待排序序列进行插入排序呢？具体算法可描述如下(设序列下标从0开始,第0个元素可以认为已经被排序):

步骤1:取出下一个待排元素,在已有序的序列中从后向前遍历;

步骤2:若待排元素小于被遍历元素,将被遍历元素向后移动一个位置;

步骤3:重复步骤2,直至待排元素大于或等于某一个被遍历的元素或被遍历元素的下标小于0;

步骤4:将待排元素插入至被遍历元素的后一个位置;

步骤5:重复步骤1~4,直至遍历完所有元素,完成排序。

插入排序的基本思想是将待排序列划分为两个子序列,其中前一个子序列为排好序的有序序列,而后一个子序列未排序,可称作无序序列。在排序的过程中,取出无序序列的第一个元素插入到有序序列的适当位置,使之变成新的有序序列。不断重复该操作,直到整个序列有序。

生活中还有哪些应用了插入排序算法的实际案例？

3.1.2 选择排序

1. 分析一种理牌方法

假设玩扑克牌时摸到了5张牌(6,9,7,5,10),还没有排序。为了将牌

按照从小到大的顺序排列,常采用以下方法:

第1趟:从未排序序列(6,9,7,5,10)中找到最小的元素5,将其与第0个元素(6)交换,现在第0个元素有序;

第2趟:从未排序序列(9,7,6,10)中找到最小的元素6,将其与第1个元素(9)交换,现在第0~1个元素有序;

第3趟:从未排序序列(7,9,10)中找到最小的元素7,将其与第2个元素(7)交换(实际上为同一个元素),现在第0~2个元素有序,如图3-2所示;

按此方法继续操作,直至所有元素有序。

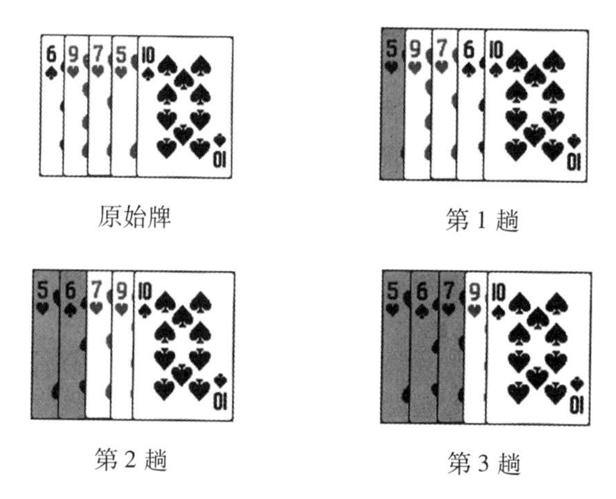

图3-2　理牌方法

以上过程采用的是一种简单、直观的排序算法——选择排序。

2. 描述选择排序算法

参考以上的理牌方法,可以整理出对一个待排序序列进行选择排序的步骤:

首先,在待排序序列中找到最小(大)元素,将其存放到已排序序列的起始位置。

然后,从剩余未排序序列中继续寻找最小(大)元素,放到已排序序列的末尾。以此类推,直到所有的元素均排序完毕。

若要将降序序列排列为升序序列，使用选择排序算法更快还是插入排序算法更快？

3.1.3 冒泡排序

1. 分析另一种理牌方法

在集体活动中按身高排队时，所有人往往先随意站成一排，然后反复通过按高矮交换相邻两人位置的方式逐步完成排队，这种思想同样也可以用于理牌。

假设玩扑克牌时依次拿到的5张牌是9,5,3,8,1。为了将牌按照从小到大的顺序排列，可以采用以下这种操作方法（假设将牌以原来顺序从上向下排列）：从上到下依次比较相邻两个数，并按小的在上、大的在下进行交换，通过多趟比较，将大的数逐渐移动至序列的末端。

第1趟排序的过程如图3-3所示，先比较第1张牌和第2张牌，9 > 5，因此交换两张牌，然后比较第2张牌和第3张牌，9 > 3，继续交换。以此类推，直至完成第4张牌和第5张牌的比较为止。第1趟排序结束后，一共进行了4次比较，最大数9移动到最下面的位置。

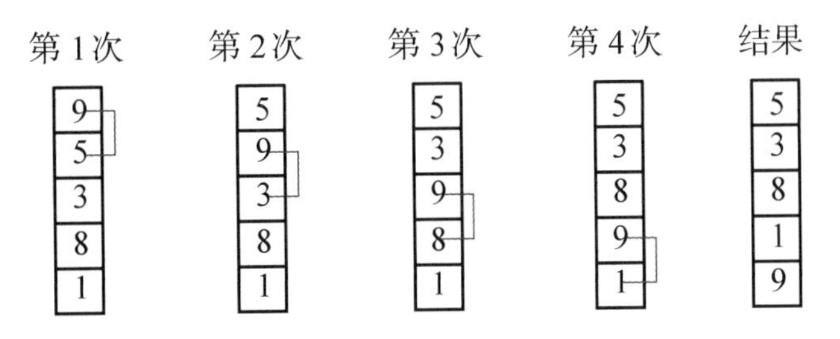

图3-3 第1趟排序过程

9的位置确定后，接下来对5、3、8、1再进行排序，以此类推，各趟排序的结果如图3-4所示。

第1趟排序确定9的位置，第2趟确定8的位置，第3趟确定5的位置，

第1趟	第2趟	第3趟	第4趟
5	3	3	1
3	5	1	3
8	1	5	5
1	8	8	8
9	9	9	9

图 3-4　各趟排序过程

第4趟确定3的位置,这时只剩下一个数,不需要再排序,排序结束。

由于以上算法的整体思路是逐次让大的数往下沉,而让小的数像气泡一样不断向上冒,该算法被形象地称为冒泡排序。

2. 描述冒泡排序算法

冒泡排序需要通过重复比较两个相邻元素的顺序是否正确来决定是否交换,直至没有元素需要交换。冒泡排序算法(假设按升序排列)的具体步骤可描述为:

步骤1:从序列首部开始比较相邻的两个元素(将两个元素称为一个"窗口"),如果前一个元素比后面的大,则交换两者位置;

步骤2:"窗口"后移一个元素位置,执行步骤1,直至"窗口"移动至未排序序列的末尾,此时序列末端元素为最大的元素;

步骤3:"窗口"滑动至序列首部,重复步骤1~2,直至排序完成。

3.1.4 快速排序

1. 描述快速排序算法

在扑克牌数量较多的情况下,有时会利用分治的思想。例如,先选一张牌,将所有比它小的牌放在一边,比它大的放在另一边,再对两边的牌继续同样的操作,以完成整副牌的排序。常用的快速排序算法采用的就是这种思想。

快速排序是将待排序序列参照基准元素大小分成两个子序列,之后通过递归调用,对两个序列分别进行独立的排序,以达到整个序列有序的目的。快速排序算法的描述如下：

步骤1：确定基准元素；

步骤2：将小于基准元素的数放在基准元素左边，大于基准元素的数放在基准元素右边；

步骤3：对左边序列和右边序列反复递归执行步骤1～2，直至子序列长度为0或1。

2. 序列的划分

划分序列是快速排序算法的关键，划分过程中需要确定一个基准元素的位置，然后不断递归，从而依次确定所有元素正确的排序位置，最终使整个序列有序。可以按如下方法进行划分：

步骤1：将0号元素作为基准元素，设置左右指针为序列的首尾下标；

步骤2：左指针向右扫描，停止于第一个比基准元素大的元素；

步骤3：右指针向左扫描，停止于第一个比基准元素小的元素；

步骤4：交换左右指针指向的元素；

步骤5：重复步骤2～4，直至两个指针相遇；

步骤6：将基准元素与右指针指向的元素交换，返回右指针对应的下标。

例如，现有如图3-5所示的序列，划分序列的步骤如下：

① 设置0号元素为基准元素，设置左、右指针i和j。

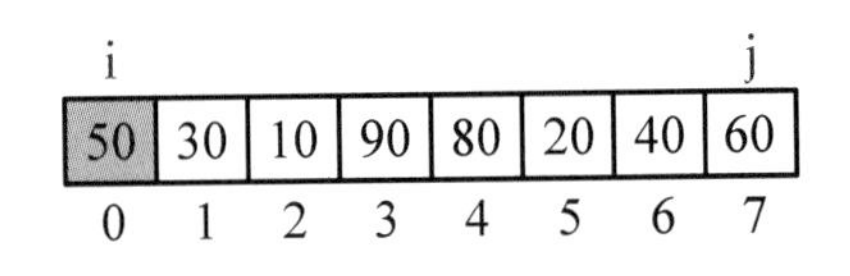

图3-5　划分序列步骤1

② 左指针i向右扫描，检查元素是否小于基准元素50，当左指针i到达3号元素时，发现该元素为90，比50大，左指针停止，如图3-6所示。

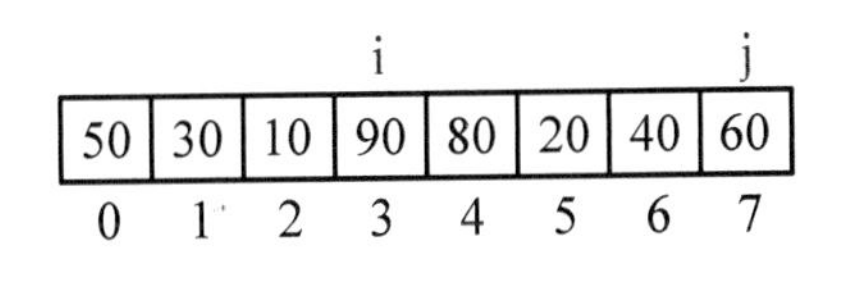

图3-6　划分序列步骤2

③ 右指针 j 向左扫描，检查元素是否大于基准元素 50，当右指针抵达 6 号元素时，发现该元素为 40，比 50 小，右指针停止，如图 3-7 所示。

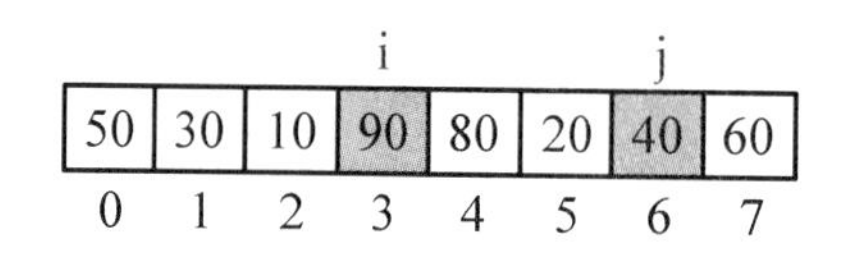

图 3-7　划分序列步骤 3

④ 交换左、右指针对应的元素，如图 3-8 所示。

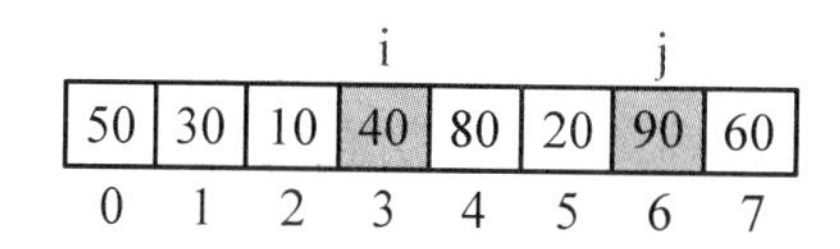

图 3-8　划分序列步骤 4

⑤ 左指针继续向右扫描，发现 4 号元素 80 比基准元素 50 大，左指针停止；右指针继续向左扫描，发现 5 号元素 20 比基准元素小，右指针停止，并交换对应的元素，如图 3-9 所示。

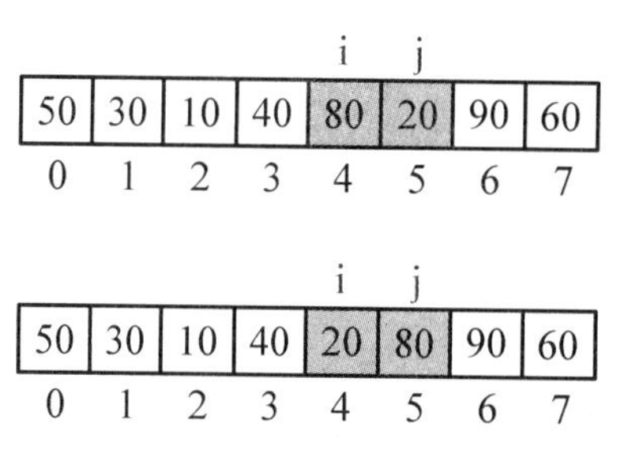

图 3-9　划分序列步骤 5

⑥ 左指针继续向右扫描，停止于 5 号元素，右指针向左扫描，由于左、右指针交叉，右指针停止，如图 3-10 所示。

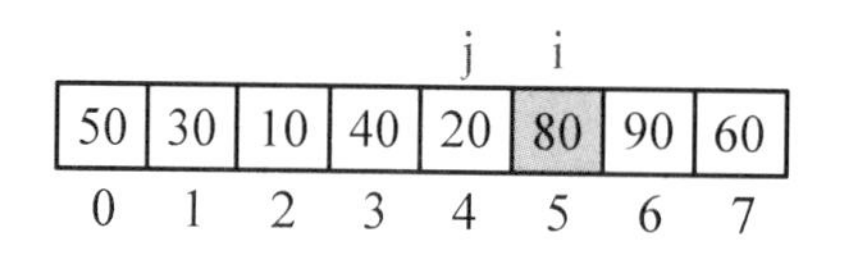

图 3-10　划分序列步骤 6

⑦ 将基准元素与右指针指向的元素交换，确定左、右子序列，如图 3-11

所示。

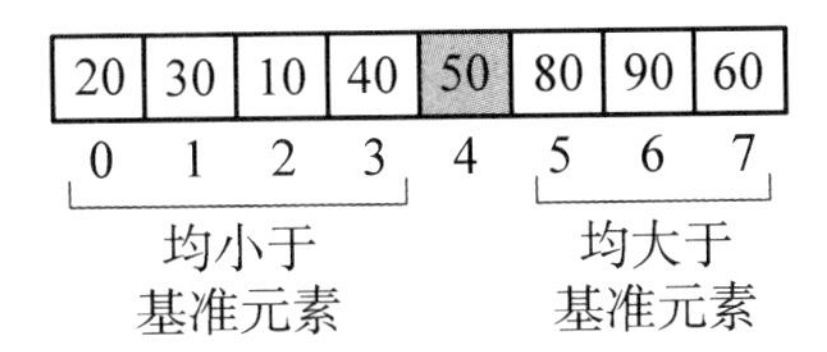

图 3-11　划分序列步骤 7

对于哪种特殊序列，快速排序的效率最差？

时间复杂度

前一节，我们学习了几种常见的排序算法。如果利用 Python 语言设计实验，比较不同算法的效率，那么细心的同学可能会发现一个问题：在不同的计算机上运行同样的实验程序并输入相同的数据，得到的程序运行时间结果却是不同的。显而易见，这是由于各台计算机性能存在差异造成的。那么如何抛开诸多外部因素评估算法本身的时间消耗呢？在计算机科学中，人们引入"时间复杂度"来描述算法在时间层面上的执行效率。

3.2.1 时间复杂度的概念

为了用一个统一的评价规则来描述一个算法理论上的时间消耗，考虑到算法在理论上的时间消耗与算法中的基本操作次数有关，人们引入了时间复杂度指标。时间复杂度的全称为"渐进时间复杂度"，它并不表示程序的具体执行时间，而是表示程序执行时间随数据规模增长的变化趋势。

时间复杂度的形式化表达是一个函数，它只关心运算量的量级，而非精确的数字。为了准确描述"量级"，下列关系式中，引入大 O 记号表示时间复杂度：

$$T(n)=O(f(n))$$

推导时间复杂度的一般过程是先通过分析计算，确定算法的基本操作次数函数 $T(n)$，然后取对于函数增长速度影响最大的最高阶项并去除其系数后，忽略其余低阶项，得到算法的渐进时间复杂度函数 $f(n)$，最后将 $f(n)$ 作为参数，以大 O 记号表示此算法的时间复杂度。如果某算法的运行时间为常数量级，则$f(n)=1$，即算法的时间复杂度为$O(1)$。例如，对于分别比较两对数a、b和c、d的大小的算法，它的基本操作次数为2，因此该算法的时间复杂度为$O(1)$。

常见的时间复杂度有：常数阶$O(1)$，对数阶$O(\log_2 n)$，线性阶$O(n)$，线性—对数阶$O(n\log_2 n)$和平方阶$O(n^2)$。在问题规模相对较大的情况下，通常$O(1)<O(\log_2 n)<O(n)<O(n\log_2 n)<O(n^2)$。例如，因为选择排序的时间复杂度为$O(n^2)$、快速排序的时间复杂度为$O(n\log_2 n)$，所以能判断出，相比选择排序，快速排序更为高效。

常数阶的算法仅限于非常简单的算法，大部分算法的时间复杂度介于$O(n\log_2 n)$和$O(n^2)$之间。如果某个算法超过了$O(n^2)$，那么可以认为这个算法不是高效的算法。

3.2.2 案例：选择排序算法的时间复杂度

利用程序实际运行时间来判断算法的效率有以下两个局限性：一是即使使用相同的程序，如果输入规模不同，那么程序运行时间也会不同。二是由于不同计算机的硬件性能不同，同样的程序和输入在不同性能的计算机上运行的时间也可能是不同的。

但上述因素与算法本身无关，对于评估算法时间效率的问题来说，更重要的是对解决同一问题的算法进行运行时间的度量分析。以下将换一种思路，以选择排序算法为例，先计算该算法执行基本操作的次数，再用时间复杂度来描述算法的运行时间量级，以此估算出当问题规模无限大时，算法运行时间的变化趋势。

1. 计算算法的基本操作次数

分析选择排序算法可知，为了对原始序列进行从小到大的排序，需要在每一趟中找到未排序序列中最小的数字，然后与头部元素交换，以此类推，直至全部元素排好序。其中关键的两个基础操作是比较和交换，这两个操作相对于赋值语句更消耗程序的执行时间。

```
def selection_sort(arr):
    new_arr = arr.copy()
    for i in range(0, len(new_arr) - 1):
        min_index = i
        for j in range(i+1, len(new_arr)):
            if new_arr[j] < new_arr[min_index]:
                min_index = j
            if min_index! = i:
                new_arr[i], new_arr[min_index] = new_arr[min_index],
                new_arr[i]
    return new_arr
```

假设利用选择排序算法对长度为 n 的整数序列进行排序。分析以上代码,可以看出,第二层的 for 循环中包含比较操作(代码第 5 ~7 行):分别需要执行 $n-1$, $n-2$, …, 1 次;第一层的 for 循环包含比较和交换操作(代码第 8 ~9 行):其中每次循环,比较操作执行 1 次,交换操作执行 0 次或 1 次,最好情况下共执行$(n-1)+0$次,最坏情况下共执行$(n-1)+(n-1)$次。

综合来看,利用选择排序算法对长度为 n 的整数序列排序,最坏情况下需要执行的比较和交换的基本操作次数如下:

$$
\begin{aligned}
&[(n-1)+(n-2)+\cdots+1]+[(n-1)+(n-1)] \\
&=\frac{n(n-1)}{2}+2(n-1) \\
&=\frac{(n+4)(n-1)}{2} \\
&=\frac{1}{2}n^2+\frac{3}{2}n-2
\end{aligned}
$$

因此,这个算法的操作次数是关于序列长度 n 的一个二次多项式。

2. 分析时间复杂度

设立一个关于 n 的函数 $T(n)$,来表示选择排序算法的基本操作次数:

$$T(n)=\frac{1}{2}n^2+\frac{3}{2}n-2$$

观察选择排序算法的 $T(n)$，可以发现，当问题规模 n 趋于无限大时，二次项的 $\frac{1}{2}n^2$ 对 $T(n)$ 的变化趋势起到决定性的作用，一次项 $\frac{3}{2}n$ 和常量 -2 都可以忽略不计，甚至 n^2 系数 $\frac{1}{2}$ 也可以忽略。也就是说，随着问题规模的增大，算法的运行时间受限于 $T(n)$ 的最高数量级，因此该算法的时间复杂度可简化为用 $O(n^2)$ 表示。

你认为一个效率良好的算法，它的时间复杂度的大致范围是多少？

3.3

空间复杂度

如果有一杯香蕉汁和一杯蓝莓汁，需要将这两个杯子中的液体互换，该怎么做？一般人们会再拿一个空杯子，把香蕉汁倒入空杯子，然后将蓝莓汁倒入原来的香蕉汁杯，再将香蕉汁倒入原来的蓝莓汁杯。这一方法借助了额外的一个杯子临时存放液体。同样在算法的执行过程中，也可能需要额外的存储空间用于临时存放数据。例如，为了交换两个数，我们额外需要一个临时变量来存放数据。

计算机的内存资源是有限的，因此，对于算法而言，除了时间复杂度，还要关注它额外占用存储空间使用的情况，即空间复杂度。

3.3.1 空间复杂度的概念

空间复杂度是对一个算法在运行过程中临时占用存储空间大小的量度，同样使用大 O 表示法，记作 $S(n)=O(f(n))$，其中 n 为问题的规模。

推导空间复杂度的一般过程与时间复杂度相似，先通过分析计算，确定算法实际执行时占用存储空间的函数 $S(n)$，然后取对于函数增长速度影响最大的最高阶项并去除其系数后，忽略其余低阶项，得到算法的渐进空间复杂度函数 $f(n)$，最后将 $f(n)$ 作为参数，以大 O 记号表示此算法的空间复杂度。

一个算法在计算机中占用的存储空间主要包括三个方面：指令所占用的空间、输入输出数据所占用的空间，以及算法在执行过程中临时占用的空间。指令所占用的空间取决于算法语句的数量,输入输出数据所占用的空间取决于要解决的问题。因此,空间复杂度主要关心的是算法执行时额外需要的临时存储空间,而对指令和输入输出数据所占用的存储空间则直接忽略。

常见的空间复杂度有常数阶 $O(1)$,对数阶 $O(\log_2 n)$,线性阶 $O(n)$ 等。如果算法执行所需要的临时空间不随着某个变量 n 的大小而变化,即此算法空间复杂度为一个常量,可表示为 $O(1)$。当一个算法的空间复杂度与以 2 为底的 n 的对数成正比时,可表示为 $O(\log_2 n)$。当一个算法的空间复杂度与 n 成线性比例关系时,可表示为 $O(n)$。

3.3.2 案例:查找重复元素

假设有一个长度为 n 的整数序列,序列中的元素值介于 0 ~ n - 1 之间,如何判断序列内是否存在重复的元素?例如,现有长度为 7 的数组(图 3-12),如何设计算法判断是否存在重复元素?

图 3-12　整数数组

对于查找整数序列的重复元素问题,最容易想到的方法是对于每个元素,依次遍历剩余的元素并判断是否与目标元素相同,这个算法被称为双重循环遍历算法。算法描述如下:

步骤 1:依次定位序列中的一个元素;

步骤 2:依次比较序列中的其他元素是否与定位元素相同,如果存在,则返回“存在重复元素”,表示存在相同元素,算法结束;

步骤 3:重复步骤 1 ~ 2,直到序列中所有元素均被访问。

用 Python 实现该算法的代码如下:

```
def double_loop(arr):
    n = len(arr)  # 获取数组的长度
    for i in range(n):
        element = arr[i]  # 定位一个元素
        for j in range(n):
            if i ==j:  # 跳过与自身比较
                continue
            elif element == arr[j]:
    # 如果序列中存在其他元素与 arr[i]相同,则立刻返回“存在重复元素”,结束函数运行
                return "存在重复元素!"
    return "不存在重复元素!"
    # 如果遍历所有元素后,都没有发现重复元素,则返回“不存在重复元素”
```

使用双重循环遍历算法查找重复元素的基本操作次数和时间复杂度分别是多少?

还可以用其他算法来解决以上的查找重复数据的问题。算法思路如下:

① 建立一个与现有数组 A 长度相同的数组 B,且将所有元素值置为 0,如图 3-13 所示。

A	5	6	2	4	1	0	2
B	0	0	0	0	0	0	0

图 3-13 步骤 1

② 访问数组 A 中的第0个元素(5),将数组 B 的下标对应为5的元素值增1,如图3–14所示。

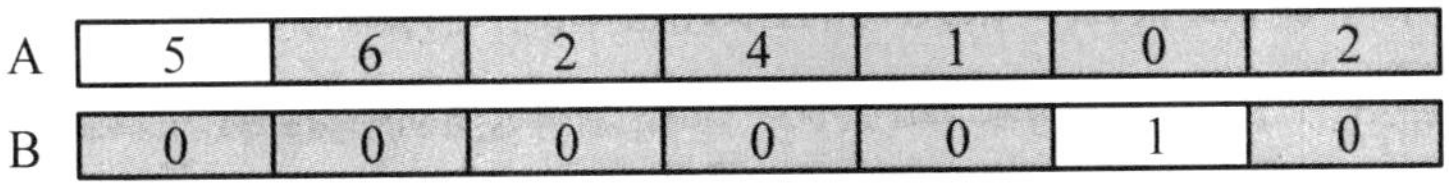

A	5	6	2	4	1	0	2
B	0	0	0	0	0	1	0

图3–14　步骤2

③ 访问数组 A 的第1个元素(6),并将数组 B 中的第6个元素值增1,如图3–15所示。

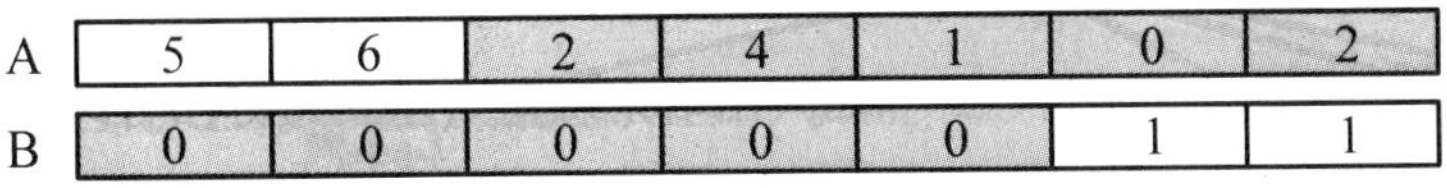

A	5	6	2	4	1	0	2
B	0	0	0	0	0	1	1

图3–15　步骤3

④ 按以上方法,依次遍历数组 A 的元素(i),并将数组 B 的第 i 个元素值增1。直至完成遍历数组 A 的所有元素,如图3–16所示。

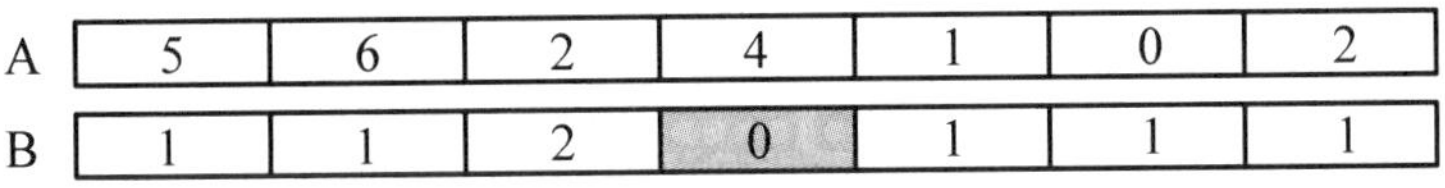

A	5	6	2	4	1	0	2
B	1	1	2	0	1	1	1

图3–16　步骤4

⑤ 遍历数组 B,若发现数组 B 中存在元素值大于1的元素,则返回“存在重复元素”。

由于该算法新增了一个数组来帮助查找重复元素,以下简称其为双数组算法。双数组算法描述如下:

步骤1:建立一个与原始数组 A 长度相同的数组 B,且所有元素值置为0;

步骤2:遍历数组 A,将数组 B 中下标为数组 A 元素值的元素值增1;

步骤3:遍历数组 B,若某个元素值大于1,则返回“存在重复元素”,算法结束;

步骤4:如果遍历完数组 B 中的所有元素,则返回“不存在重复元素”,算法结束。

分析两种算法可知：无论数组长度如何变化，双重循环遍历算法都只需要额外开辟存储两个变量的空间，分别存储数组的长度和当前定位的元素值；而使用双数组算法需要额外开辟存储 $n+2$ 个变量的空间。可见，双重循环遍历算法的空间复杂度与数组长度 n 无关，因而为常数阶 $O(1)$。而双数组算法需要的额外空间为 $n+2$，因此其空间复杂度为 $O(n)$。

评价一个算法的效率主要是看它的时间复杂度和空间复杂度，简称时空复杂度。然而，对于一个算法而言，其时间复杂度和空间复杂度往往是相互影响的，当追求一个较好的时间复杂度时，可能会使空间复杂度上升，反之亦然，因此通常需要从中取得一个平衡点。

在20世纪计算机刚被发明的起步阶段，存储器的价格极高，程序员设计程序时在考虑时间效率的基础上还要仔细思考如何节约宝贵的存储空间。随着硬件技术和制造工艺的飞速发展，目前存储器的容量越来越大，存取延迟越来越小，单位存储空间的价格也越来越低，能够满足较大规模的空间占用需求。因此，现在人们更多追求的是如何降低算法的时间复杂度。

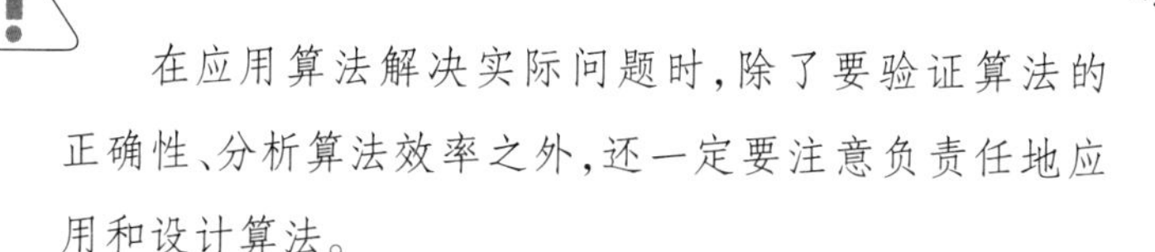

在应用算法解决实际问题时，除了要验证算法的正确性、分析算法效率之外，还一定要注意负责任地应用和设计算法。

现如今，算法得到了广泛应用，同时，一些算法的不合理应用也产生了与人类常识和伦理相悖的各种问题，如算法歧视、大数据“杀熟”、诱导沉迷等。为此，我国已加强互联网信息服务算法综合治理，发布了《互联网信息服务算法推荐管理规定》，有效防范化解算法滥用带来的风险。而对于个人而言，应遵守“向上向善”这个最基本的伦理要求，践行社会主义核心价值观，负责任地应用和设计算法。

单元小结

思维导图

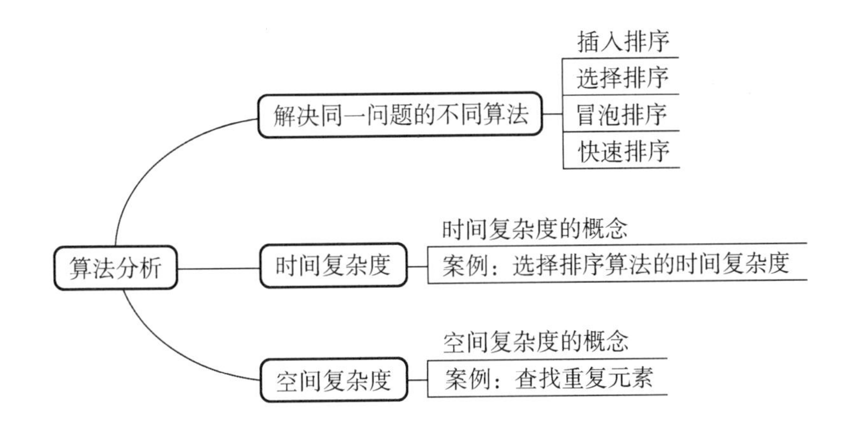

综合练习

一、单选题

1. 从未排序序列中挑选元素，并将其依次放入已排序序列（初始时为空）的一端，这种排序方法称为________。

A. 插入排序　　B. 冒泡排序

C. 选择排序　　D. 快速排序

2. 对 n 个元素的序列进行冒泡排序时，最少的比较次数是________。

A. n　　B. $n-1$

C. $\frac{n}{2}$　　D. $\log_2 n$

3. 若待排序序列为[46，24，57，23，40，15]，在采用选择排序的方法对其进行排序时，第二趟排序的结果是________。

A. 15，46，57，24，40，23　　B. 15，23，57，24，40，46

C. 15，23，24，46，40，57　　D. 15，23，24，40，46，57

4. 若待排序序列为[46,24,57,23,40,15],在采用冒泡排序的方法对其进行排序时,第二趟排序的结果是________。

A. 24,23,40,15,46,57　　B. 24,46,23,40,15,57

C. 24,40,23,46,15,57　　D. 23,24,15,46,40,57

5. 某算法的时间复杂度为 $O(n^2)$,表明该算法________。

A. 问题规模是 n^2　　B. 执行时间等于 n^2

C. 执行时间与 n^2 成正比　　D. 问题规模与 n^2 成正比

6. 对 n 个元素进行插入排序时间复杂度为________。

A. $O(1)$　　B. $O(n)$

C. $O(n^2)$　　D. $O(\log_2 n)$

7. 下面哪种排序算法最适合对杂乱无章的数据进行排序________。

A. 选择排序　　B. 冒泡排序

C. 快速排序　　D. 插入排序

8. 某算法对应的代码如下,假设问题规模为 n,该算法的空间复杂度为________。

```
m = 0
for i in range(n):
    m = m + 1
```

A. $O(n)$　　B. $O(1)$

C. $O(n^2)$　　D. $O(\log_2 n)$

9. 某算法对应的代码如下,假设问题规模为 n,该算法的空间复杂度为________。

```
def fun(n):
    x = 100
    if (n == x):
        return n
    else:
        return fun(n + 1)
```

A. $O(\log_2 n)$　　B. $O(1)$　　C. $O(n^2)$　　D. $O(n)$

10. 设问题规模为 n,下列代码中加下画线的语句执行次数为________。

```
m = 0
for i in range(1, n + 1):
    for j in range(1,2 * i + 1):
        m = m + 1
```

A. n　　B. $n+1$

C. n^2　　D. $n(n+1)$

二、填空题

1. 若某算法的基本操作次数函数为 $T(n)=5\log_2 n+3n\log_2 n-7n+2$,该算法的时间复杂度为________。

2. 从未排序的序列中,依次取出元素,与已排序序列的元素比较后,放入已排序序列中的恰当位置,这是________排序。

3. 从未排序的序列中,挑选出元素,放在已排序序列的某一端位置,这是________排序。

4. 逐次将待排序序列中的相邻元素两两比较,凡是逆序则进行交换,这是________排序。

5. 某算法对应的代码如下,假设问题规模为 n,该算法的时间复杂度为________。

```
i = 0
sum = 0
while sum < n:
    i = i + 1
    sum = sum + i
```

三、综合题

1. 参考升序排列的插入排序算法,尝试描述降序排列的插入排序算法,并用 Python 语言编程实现。随后,创建几个整数列表,依次调用编写的函数进行测试。

参考答案

一、单选题

1. C　2. B　3. B　4. A　5. C　6. C　7. C　8. B　9. D　10. D

二、填空题

1. $O(n\log_2 n)$　2. 插入　3. 选择　4. 冒泡　5. $O(\sqrt{n})$

三、综合题

略

第4单元

人工智能基础

乳腺癌是一种常见的癌症，及早发现和准确诊断对于患者的治疗和康复至关重要。传统的乳腺癌诊断方法主要依赖于医生的经验，存在一定的主观性和局限性，可能导致漏诊或误诊。为了改进乳腺癌的诊断准确性，有许多研究团队尝试借助人工智能（Artificial Intelligence，AI）技术来帮助医生进行诊断。其中，有一个研究团队使用深度学习算法和大量的乳腺 X 射线图像数据，训练了一个名为“BreastAI”的乳腺癌诊断模型。BreastAI 学习了数千张已标记的乳腺 X 射线图像，可以识别不同类型的肿瘤和病变，能够自动分析乳腺 X 射线图像，检测潜在的肿瘤和异常区域。

为了验证 BreastAI 的准确性和可靠性，这个研究团队使用了一批未知是否有肿瘤的乳腺 X 射线图像对 BreastAI 进行测试。结果显示，BreastAI 能够高度准确地识别乳腺癌病变，其诊断结果可与经验丰富的专业医生的诊断结果相媲美。

人工智能在医疗诊断领域的应用可以帮助医生更快速、准确地诊断乳腺癌，并及时采取治疗措施，提高患者的治愈率和生存率。

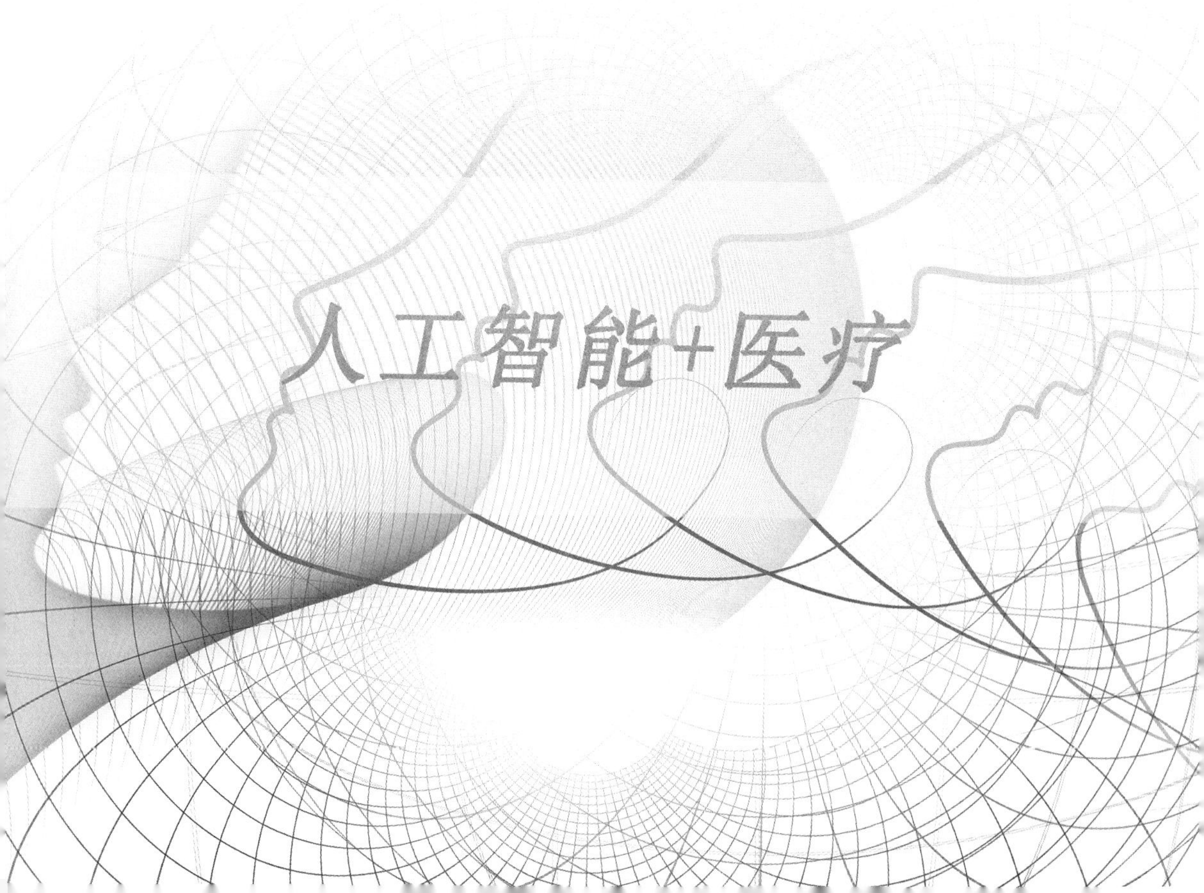

除了医疗领域，现在，人工智能也在人类社会的许多领域中普遍应用，例如工业、教育等，成为推动这些领域不断向智能化方向发展的重要力量。

人工智能是一门研究如何使计算机能够模拟和执行人类智能行为的学科。发展过程中，人工智能这门学科形成了许多典型的技术和算法。

在本单元，我们将初步了解人工智能，以及人工智能中的一些典型技术和算法，包括专家系统、回归算法、决策树和 K-Means 聚类算法等。

学习目标

1. 了解人工智能的研究内容。
2. 知道常见的人工智能技术与应用。
3. 了解专家系统的概念和基本工作流程。
4. 掌握回归算法的概念和原理。
5. 了解决策树的概念和原理。
6. 掌握 K-Means 聚类算法的概念和原理。

4.1 人工智能概述

人工智能是一个构建能够推理、学习和行动的计算机和机器的科学领域。它涵盖许多不同的学科，包括计算机科学、数据分析和统计、硬件和软件工程、语言学、神经学，甚至哲学和心理学等。

人工智能可以分为弱人工智能和强人工智能。弱人工智能是指针对特定任务或领域开发的智能系统，例如语音助手或图像识别系统。强人工智能则是指具有与人类智能相媲美或超越人类智能的智能系统。

4.1.1 人工智能的研究内容

人工智能的研究内容涵盖面非常广，包括知识与推理、搜索与求解、学习与发现、发明与创造、感知与响应、记忆与联想、理解与交流等。我们可以从知识工程、机器感知、机器思维、机器学习和机器行为等五部分来归纳人工智能的研究内容。

1. 知识工程

知识工程指在计算机上建立专家系统的技术，可将特定知识集成到计算机系统，从而使计算机能完成只有特定领域专家才能完成的复杂任务。知识工程包括知识表示、知识获取、知识推理、知识集成和知识存储等。

2. 机器感知

一些具有智能的机器可以通过很多传感器采集信息，经过程序处理这些信息后，得到像人的感官能得到的感知结果。机器感知就是使机器具有类似人的感知能力，例如看、听等。

3. 机器思维

机器思维指利用机器感知得来的外部信息，有目标地处理感知信息和智能系统内部信息，从而针对特定场景给出合适的判断，制定合适的策略。

4. 机器学习

机器学习是当前人工智能的核心，是使计算机具有智能的一种途径。机器学习专门研究如何让机器模拟或实现人类的学习行为，以获取新的知识或技能，从而不断改善机器性能。

5. 机器行为

机器行为主要指机器的表达能力，即模拟人的行为的能力。

4.1.2 人工智能技术与应用

随着人工智能算法的不断改进、大数据的发展，以及计算机算力的大力提升，人工智能技术已经应用到越来越多的领域，例如下列常见的人工智能技术和应用。

机器学习的应用：机器学习技术被广泛应用于数据分析、预测和决策支持。它可以用于推荐系统、医疗诊断、自动驾驶和智能机器人等领域。

自然语言处理的应用：自然语言处理技术常被应用于语音助手、智能翻译、文本分析和自动摘要等任务。

计算机视觉的应用：计算机视觉技术常被应用于图像识别、视频监控、人脸识别、无人驾驶和医学影像分析等领域。

推理与决策的应用：推理与决策技术可以应用于专家系统、自动规划和智能控制系统等领域，帮助用户解决复杂的决策和问题。

智能控制系统的应用：智能控制系统常应用于工业自动化、智能家居和智能交通等领域，实现自主感知和智能决策的自动化系统。

人工智能技术的应用范围非常广泛，正在深刻地改变很多行业或领域，提升这些行业或领域的效率。

专家系统

专家系统是人工智能的一个重要应用领域。专家系统使用人工智能技术，能够模拟人类专家的思维过程，求解特定领域需要专家才能解决的困难问题。

4.2.1 专家系统的结构

专家系统是一种智能计算机程序系统，用于解决特定领域的问题。它内部储存有大量的特定领域人类专家水平的知识与经验，能够像人类专家一样来处理该领域的问题。从结构来看，专家系统可视作“知识库”和“推理机”的结合，如图4-1所示。

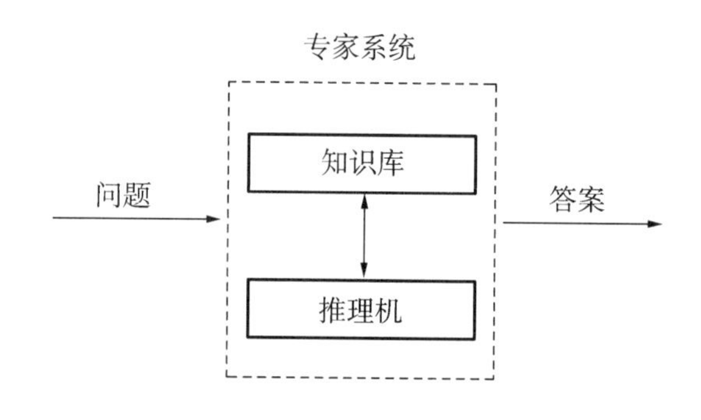

图4-1　专家系统结构

知识库的主要作用是搜集人类专家的知识和经验，将其系统地表达或模块化，使计算机可以据此进行推论。知识库中包含两种类型的内容：一是事实性知识；二是人类专家所特有的经验、判断方法与直觉。

推理机是一种利用算法或决策策略对知识库中的专业知识进行推理的工具，旨在为用户的问题找出正确答案。推理机的问题解决算法可以分为三个层次：

① 一般途径。利用随机检索（盲目搜索）来寻找可能的答案，或者利用启发式搜索来尝试找到最有可能的答案。

② 控制策略。控制策略包括前推式、回溯式和双向式三种。前推式是从已知条件中寻找答案，逐步推导出结论；回溯式则先设定目标，再证明目标成立。

③ 额外的思考技巧。用于处理知识库中多个概念之间的不确定性，通常使用模糊逻辑进行推演。

推理机会根据知识库的内容、用户的问题以及问题的复杂程度来选择适用的推理层次。通过灵活运用这些层次，推理机能够根据特定的推理需求，以高效的方式进行推论，从而提供准确的答案。

4.2.2 专家系统的基本工作流程

专家系统的基本工作流程如图 4–2 所示，其中箭头方向为数据流动的方向。用户通过人机交互界面提问，推理机将用户提问的信息与知识库中的知识进行匹配，并把相匹配的结论存放到综合数据库中。最后，专家系统将得出的最终结论呈现给用户。

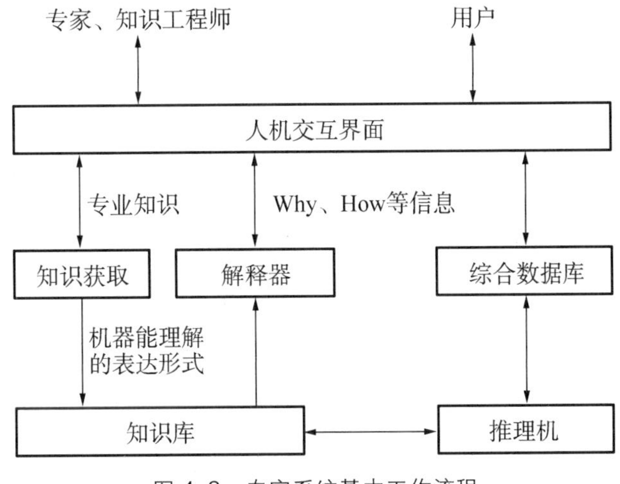

图 4–2　专家系统基本工作流程

专家系统可以通过解释器向用户解释专家系统的行为，比如为什么要向用户提出一些问题（Why）及计算机如何得出最终结论（How）等。领域专家或知识工程师通过专门的软件工具或编程，不断充实和完善知识库中的内容。

4.2.3 专家系统的应用领域

专家系统已经在许多领域得到广泛应用，诸如农业、气象、法律、商业、教育、航天、工程、自动控制、设计制造和军事等。例如，使用专家系统，人们能够更加精准地预测降雨、高温、大风等各种气象情况，而不用大量消耗人力资源，效率非常高。目前，使用气象预报专家系统进行 24 小时气象预报的准确率可达 90% 左右。

回归算法

回归算法是人工智能中常用的一种算法，它采用回归分析进行预测，即在分析自变量和因变量之间关系的基础上，建立变量之间的回归方程，并将回归方程作为预测模型，用于预测或分类。

4.3.1 回归分析基本概念

回归分析是用于估计自变量和因变量之间关系的统计过程，其步骤如下。

第一步：规定因变量和自变量；

第二步：对实测数据进行计算，找出因变量和自变量之间的关系，拟合出误差最小的回归方程，建立回归模型；

第三步：求解模型的各个参数，评价回归模型是否能够很好地实现预测。

根据自变量个数、因变量的类型及回归线形状等因素，回归分析可分为：

（1）一元回归和多元回归

当自变量个数为1时称为一元回归；当自变量个数大于1时称为多元回归。

（2）简单回归和多重回归

当因变量个数为1时称为简单回归；当因变量个数大于1时称为多重回归。

（3）线性回归和非线性回归

当自变量和因变量之间的关系为线性函数时，称为线性回归；当自变量和因变量之间的关系为非线性函数时，称为非线性回归。

（4）一元多项式回归和多元多项式回归

研究一个因变量与一个或多个自变量间多项式的回归分析方法，称为多项式回归。如果自变量只有一个时，称为一元多项式回归；如果自变量有多个时，称为多元多项式回归。多项式回归问题可以通过变量转换为多元线性回归问题来解决。

回归分析的优缺点是什么？

在人工智能领域中，回归分析属于监督学习。回归分析可用于时间序列模型以及发现变量之间的因果关系等。例如，可以使用回归分析来探究某个城市的空气质量与工业排放量之间的关系，或者分析股票价格与经济指标之间的相关性等。

4.3.2 线性回归

线性回归利用最佳拟合线（回归线）建立因变量 y 和自变量 x 之间的关系。

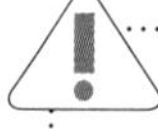

有的线性回归预测的变量是离散的或定性的，则称为分类，例如学生是否通过考试、购物网站用户是否购买商品等。有的线性回归预测的变量是连续的或定量的，则称为回归。本节只讨论回归。

常见的线性回归包括一元线性回归和多元线性回归。如果回归分析只涉及一个自变量和一个因变量，并且它们的关系可以用一条直线近似表示，则为一元线性回归分析。如果回归分析涉及两个或两个以上的自变量，并且因变量和自变量之间呈线性关系，则为多元线性回归分析。

1. 一元线性回归

一元线性回归是用来分析单个自变量对因变量的影响的方法。一元线性回归分析的预测模型表示为：

$$y = w_0 + w_1 x$$

其中，x 代表自变量的值，y 代表因变量的值；w_0、w_1 代表一元线性回归方程的待定参数，w_0 为回归直线的截距，w_1 为回归直线的斜率，表示 x 变化一个单位时，y 的平均变化情况。w_0、w_1 通常采用最小二乘法原理求得。

例如为研究服装质量和顾客满意度之间的因果关系，采集的数据如图 4-3 所示。

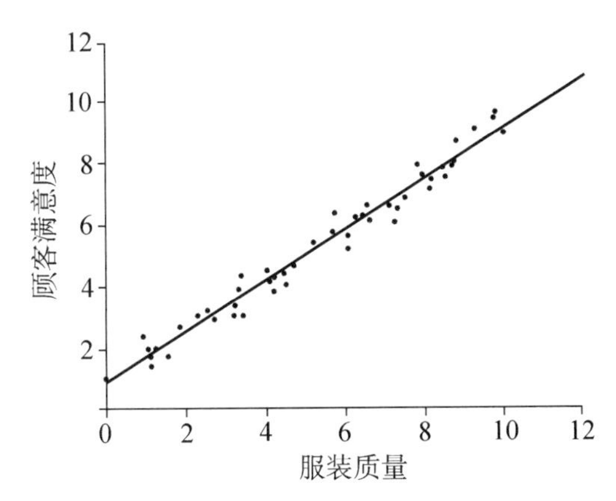

图 4-3　服装质量和顾客满意度数据

由于服装质量会影响顾客的满意情况，因此可将顾客满意度设为因变量，记为 x；服装质量设为自变量，记为 y。

经过线性回归，可得到下列回归方程：

$$y = 0.897 + 0.738x$$

该回归方程在 y 轴上的截距为 0.897、斜率为 0.738，即说明服装质量每提高一分，用户满意度平均上升 0.738 分。

2. 多元线性回归

多元线性回归可用于分析多个自变量共同影响因变量的问题。

多元线性回归的基本原理和基本计算过程与一元线性回归分析类似。但自变量个数越多，计算过程越复杂。多元线性回归分析法的预测模型为：

$$y = w_0 + w_1x_1 + w_2x_2 + \cdots + w_px_p$$

其中，y 代表因变量的值，向量 $x = (x_1, x_2, \cdots, x_p)$ 代表自变量的值，w_0 为截距，向量 $w = (w_1, w_2, \cdots, w_p)$ 代表线性回归方程的系数。w 通常采用最小二乘法原理求得。

最小二乘法进行参数估计是将观察得到的样本数据作为已知量，将其代入样本回归方程中，然后分别对 $w_1, w_2, \cdots, w_p$ 求偏导数，求得回归方程系数。

多元线性回归中，由于各个自变量的单位可能不同，因此自变量的系数的大小并不能说明该因素的重要程度，还需将各个自变量的单位统一。可使用数据的标准化方法将所有变量包括因变量都先转化为标准分，再进行线性回归，此时得到的回归系数就能反映对应自变量的重要程度。这时的回归方程称为标准回归方程，回归系数称为标准回归系数。由于所有变量都转化成了标准分，标准回归方程不再有常数项 w_0 了。

例如顾客对餐厅的满意度，可能与服务质量、菜品口味和环境氛围有关。因此，可以以“顾客满意度”为因变量，“服务质量”“菜品口味”和“环境氛围”为自变量，作线性回归分析。假设已有一批样本数据，包含了顾客满意度、服务质量、菜品口味和环境氛围等方面的统计数据。通过对这些统计数据作回归分析，可以拟合出回归方程的系数。假设得到的回归方程如下：

顾客满意度 = 0.213 × 服务质量 + 0.742 × 菜品口味 + 0.035 × 环境氛围

从该回归方程可以看出，菜品口味对顾客满意度的影响比较大，菜品口味每提高1分，顾客满意度将提高0.742分；其次是服务质量，服务质量每提高1分，顾客满意度将提高0.213分；而环境氛围对顾客满意度的影响相对较小，环境氛围每提高1分，顾客满意度仅提高0.035分。

4.3.3 线性回归的实现

线性回归分析的过程一般包括：确定自变量和因变量、建立预测模型、变量间的相关性检验、模型的评估和检验、利用模型作预测等阶段。

1. 确定自变量和因变量

首先明确要预测的目标变量即因变量，一般用 y 表示，其次寻找与预测目标变量 y 相关的所有影响因素，即自变量，一般用 x 表示，并从中选出主要的影响因素。

2. 建立预测模型

分析已有的数据集，确定自变量和因变量之间的定量关系表达式，在此基础上建立回归分析方程，即回归分析预测模型。

3. 变量间的相关性检验

回归分析中，只有当自变量与因变量确实存在某种关系时，建立的回归方程才有意义。因此，判断自变量与因变量是否有关、相关的方向和程度，以及对相关程度的把握性等是需要解决的问题。

一般情况下，可以通过相关系数的大小来判断自变量和因变量的相关程度。回归方程的相关性检验有三种方式：相关系数的检验、回归方程的检验、回归系数的检验。

4. 模型的评估和检验

为确保线性回归模型可用于实际预测，需要对模型进行检验。只有通过检验，且预测误差较小的线性回归模型才能作为预测模型，用于实际预测。主要检验内容有：

- MAE/MSE：对模型的可信度进行检验，计算预测误差。
- F 检验：查看模型整体是否显著。F 检验通过方差分析检验回归方程的线性关系是否显著。一般来说，显著性水平在 0.05 以下，均有意义。

当 F 检验通过时，说明模型中至少有一个回归系数是显著的，但是并不一定所有的回归系数都显著，这时需要通过 T 检验来验证回归系数的显著性。

- T 检验：查看模型里各个参数是否显著。T 检验可通过显著性水平或查表来确定。
- 决定系数 R^2：用以检验查看模型对规律的刻画接近真相的程度。R^2 表示方程中变量 x 对 y 的解释程度。R^2 的值越接近 1，说明模型中 x 对 y 的解释能力越强，模型越好；R^2 的值越接近 0 甚至负数，说明模型越差。

5. 利用模型进行预测

利用获得的回归预测模型，计算预测值，并对预测值进行综合分析，确定最后的预测值。

4.3.4 线性回归综合实践

利用 Python 实现线性回归分析的基本步骤如下：

① 依次导入相关库。

② 数据预处理：导入或者读取数据集，划分数据集为训练集和测试集。

③ 使用训练集训练线性回归模型。

④ 根据测试集进行预测。

⑤ 模型评估。

⑥ 结果可视化对比。

【例 4-1】利用某房价数据集,实现一元线性回归分析。

【例 4-1 解答】

某房屋价格数据集来源于 sklearn,包含某地区的 506 个房屋样本。每个样本有 13 个特征,包括平均房间数、住宅年龄、距离五个该地区就业中心的加权距离等。其中,特征的取值范围和含义各不相同。

本例中,我们选择了数据集中的第六个特征,即房屋的平均房间数。我们使用线性回归模型拟合了房屋价格与平均房间数之间的关系。通过找到最佳的拟合直线,我们尽量减小了实际观测值与预测值之间的残差平方和。

在模型评估方面,我们使用了均方差和决定系数来评估模型的性能。均方差衡量了预测值与实际值之间的平均误差,决定系数表示模型能解释因变量变异性的比例。较小的均方差和较大的决定系数表明模型的拟合效果较好。

最后,我们将拟合的直线和实际观测值通过可视化进行对比,直观地展示模型的拟合效果,如图 4-4 所示。散点图表示实际观测值,拟合直线表示模型预测的结果。通过观察图形,我们可以大致判断模型的准确性和拟合程度。

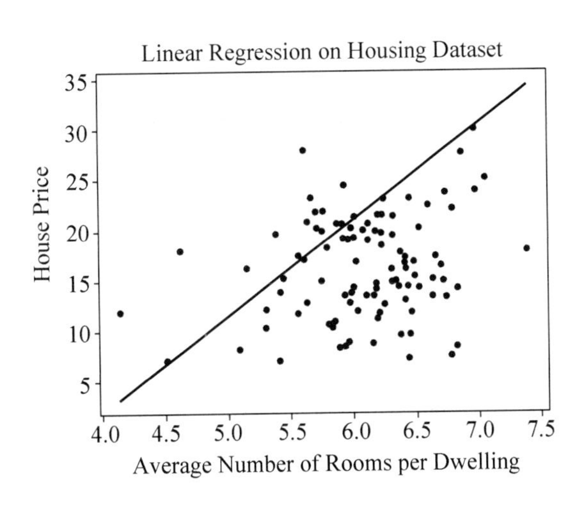

图 4-4　房屋价格与平均房间数之间的关系

程序代码如下:

```
import matplotlib.pyplot as plt
import numpy as np
from sklearn import datasets, linear_model
from sklearn.metrics import mean_squared_error, r2_score

# 加载房屋价格数据集
house_X, house_y = datasets.load_boston(return_X_y = True)
house_X = house_X[:, np.newaxis, 5]
house_X_train = house_X[:-100]
house_X_test = house_X[-100:]
house_y_train = house_y[:-100]
house_y_test = house_y[-100:]

# 创建线性回归模型对象
regr = linear_model.LinearRegression()
regr.fit(house_X_train, house_y_train)

# 使用测试集进行预测
house_y_pred = regr.predict(house_X_test)

print('Coefficients:', regr.coef_)
print('Mean squared error: %.2f' % mean_squared_error(house_y_test,
house_y_pred))
print('Coefficient of determination: %.2f' % r2_score(house_y_test, house_
y_pred))

# 绘图输出
plt.scatter(house_X_test, house_y_test, color = 'black')
plt.plot(house_X_test, house_y_pred, color = 'blue', linewidth = 3)
plt.xlabel("Average Number of Rooms per Dwelling")
plt.ylabel("House Price")
plt.title("Linear Regression on Housing Dataset")
plt.show()
```

程序运行结果如下：

```
Coefficients：[9.52462596]
Mean squared error：72.59
Coefficient of determination：-1.83
```

4.4 决策树

决策树是一种常用的机器学习算法,用于分类和回归问题。它通过构建一棵树状结构来表示决策规则,从而进行决策和预测。

4.4.1 决策树基本概念

决策树由结点和有向边组成。每个结点表示一个特征或属性,每条边表示特征的取值。树的根结点表示初始特征,内部结点表示特征测试,叶结点表示类别或回归结果。决策树的结构如图 4-5 所示。

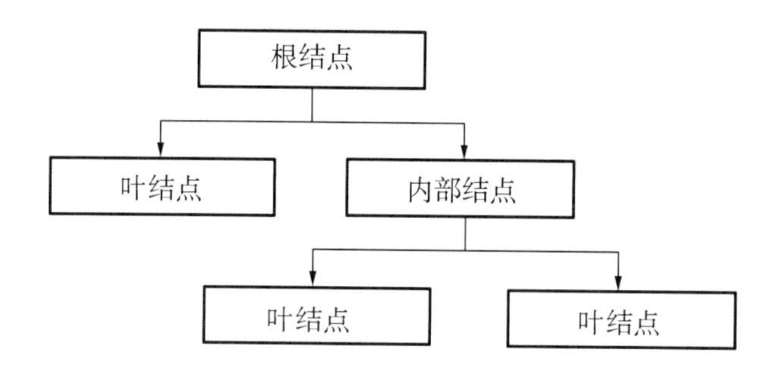

图 4-5 决策树的结构

决策树的基本思想是根据数据特征进行划分,使得每个子集中的样本尽可能属于同一类别或具有相似的回归结果。通过递归地划分特征空间,决策树可以生成一个决策路径,用于进行分类或作回归预测。

决策树学习是一种归纳学习,有三个步骤:特征选择、决策树生成、决策树剪枝。

1. 特征选择

特征选择决定了使用哪些特征来作判断。在训练数据集中，每个样本的属性可能有很多个，且不同属性的作用不同。特征选择的作用就是筛选出跟分类结果相关性较高的特征，也就是分类能力较强的特征。

2. 决策树生成

选择好特征后，就从根结点出发，对结点计算所有特征的信息增益，选择信息增益最大的特征作为结点特征，根据该特征的不同取值建立子结点；对每个子结点使用相同的方式生成新的子结点，直到信息增益很小或者没有特征可以选择为止。

3. 决策树剪枝

剪枝的主要目的是对抗“过拟合”，即避免过于紧密或精确地匹配特定数据集而无法预测未知数据。通过主动去掉决策树中部分分支可降低“过拟合”的风险。

4.4.2 决策树算法

决策树算法有多种，其中最常用的有ID3、C4.5和CART算法。

1. ID3算法

ID3(Iterative Dichotomiser 3)算法通过递归地构建决策树来进行分类。初始时，它将所有的训练样本视为一个结点，并选择最佳特征来划分数据集。选择最佳特征的依据是计算各个特征的信息增益和熵。信息增益表示在给定标签下，特征对于减少不确定性的贡献程度。熵则表示数据集的不纯度或不确定性。选择信息增益最大的特征作为划分依据，可将数据集划分为纯度更高的子结点。递归地继续对每个子结点应用相同的过程，直到满足终止条件，如所有的叶结点属于同一类别或没有更多的特征可供选择。

ID3算法简单易懂且易于实现，适用于小规模数据集。它能够处理离散特征，也能处理经离散化处理的连续特征。但ID3在特征选择时，倾向于选择具有更多属性的特征，可能会导致过拟合的问题。并且ID3算法没有处理缺失数据的机制,如果数据集有缺失值,则需要比对数据集进行预处理。

2. C4.5 算法

C4.5 算法也是一种基于信息增益的决策树算法,是 ID3 算法的改进版本,它在特征选择和处理缺失数据方面有所改进。C4.5 算法引入一个新的度量指标——信息增益比,选择信息增益比最大的特征作为划分依据,将数据集划分为纯度更高的子结点,然后递归地应用相同的过程来构建决策树。

信息增益比考虑特征本身的熵,用信息增益除以特征的熵来计算,可减少特征属性多导致的偏差。

与 ID3 算法类似,C4.5 算法适用于小规模数据集。同时,C4.5 算法相对于 ID3 算法有更好的性能和准确性,能够处理更复杂的数据集,例如可以处理部分缺失的特征值,在计算信息增益比时会考虑到缺失值的影响。而对于连续特征,C4.5 算法可通过将连续特征离散化为多个阈值来构建决策树,但生成的决策树相对较大,可能存在“过拟合”问题。

3. CART 算法

CART(Classification and Regression Trees)算法是一种基于二叉决策树的分类和回归算法,它可以用于解决分类问题和回归问题。

CART 算法通过递归地将数据集划分为子集,并生成二叉决策树。每个结点上的特征用于将数据集划分为两个子集,以最小化划分后的不纯度。对于分类问题,CART 算法使用基尼指数或熵来衡量数据集的不纯度或不确定性,选择使得划分后的子集具有最小不纯度的特征作为划分依据;对于回归问题,CART 算法使用均方误差来衡量模型的误差,选择使得划分后的子集误差最小化的特征作为划分依据。通过递归地应用特征选择和数据集划分,直到满足终止条件,如达到最大深度、叶结点中的样本数达到最小值或无法继续降低不纯度。

CART 算法可以处理离散特征和连续特征，无需进行离散化处理，对于缺失数据有较好的容错能力，在进行特征划分时会考虑缺失值的影响；同时，生成的决策树具有良好的解释性，可以清晰地表示出分类和回归的决策规则，可以处理高维数据和大规模数据集，具有较高的计算效率。对于分类问题，CART 算法生成的是二叉分类树；对于回归问题，生成的是二叉回归树。

4.4.3 决策树的剪枝策略

决策树的剪枝是决策树学习算法对抗过拟合的主要手段。剪枝的基本策略有预剪枝和后剪枝。

1. 预剪枝

预剪枝是在决策树生成过程中，对每个结点在划分前先进行估计，如果当前结点的划分不能带来决策树泛化性能的提升，则停止划分并将当前结点标记为叶结点。预剪枝可以降低“过拟合”的风险，但也可能会导致“欠拟合”，因为它可能太过急于停止划分，而忽略了那些当前评估不好但在后续划分中可能有利的划分。

2. 后剪枝

后剪枝是在决策树生成后，对那些置信度不足的子树用叶结点来代替，叶结点的类别标记为该子树中大多数样本所属的类别。后剪枝通常保留了更多的分支，相对于预剪枝，它有更大概率达到全局最优，因此泛化性能通常优于预剪枝。

剪枝策略的选择要根据实际情况来定，一般来说，后剪枝的决策树泛化性能更好，计算复杂度也更高。而预剪枝的计算复杂度较低，但可能因剪枝过多而导致模型“欠拟合”。

聚类算法

物以类聚、人以群分。在机器学习中，聚类算法可以用于划分未知类簇的样本，按照一定的规则，把相似的样本聚在同一个类中，从而揭示样本数据间内在的性质以及相关的联系规律。

4.5.1 聚类基本概念

聚类是一种无监督学习的方法，即在没有分类标签信息的数据集中，通过聚类将数据集中的样本划分为若干个不相交的子集。每个子集称为一个“簇”，子集内样本的特征相似，与其他子集内样本的特征差异大。

聚类算法通常应用于市场分析、图像处理、决策支持以及模式识别等领域。

4.5.2 典型聚类算法——K-Means

聚类算法中，K-Means 是一种典型的无监督学习算法。

K-Means 利用距离作为两个数据记录相似性的评价指标，即认为两个数据的距离越近，其相似度越大。该算法认为簇是由距离相近的对象组成的，因此其最终目标是得到紧凑且独立的簇。

K-Means 可以描述为：

假设样本数据集 $D=\{x_1,x_2,\cdots,x_n\}$，x_i 是一个 n 维的向量，代表数据集中的每一个数据点，其中 n 表示样本数据的属性个数。聚类的目的是将样

本数据集 D 中相似的样本数据点划分到同一簇中，用 $G=\{G_1,G_2,\cdots,G_k\}$ 来表示，其中 k 表示簇的个数。

K-Means 可以表示为将样本数据集 $D=\{x_1,x_2,\cdots,x_n\}$ 划分为 $G=\{G_1,G_2,\cdots,G_k\}$ 的过程。每个簇有一个中心点，称为质心，即簇中所有点的中心。一般情况下，当质心不发生改变时，算法结束。

K-Means 算法对初始聚类质心非常敏感，初始聚类质心选取的好坏将对 K-Means 算法性能产生什么样的影响？

1. K-Means 流程

以数据集 D 为例，K-Means 的流程如图 4-6 所示。K-Means 的输入为数据集 D，簇的数量 k，输出为 $G=\{G_1,G_2,\cdots,G_k\}$，即 k 个划分好的簇。算法的流程描述如下：

① 选定 k 的值。

② 在样本数据集 D 中，随机选取 k 个点作为初始质心，即 $\{u_1,u_2,\cdots,u_k\}$。

③ 计算 D 中每个样本 x_i 到每个质心 u_j 的欧式距离 l_{ij}。

④ 若 l_{ij} 的距离最小，则将样本 x_i 标记为簇 G_j 中的样本。

⑤ 依据欧式距离最小的原则将所有样本数据点分配到不同簇，计算新的质心。

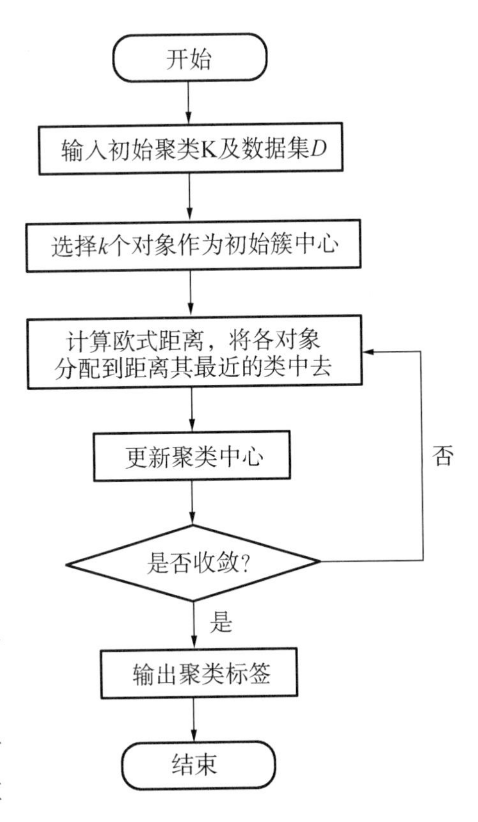

图 4-6　K-means 流程图

⑥ 若质心更新了,则跳转到③,否则算法结束,输出结果。

2. K-Means 实例

【例 4-2】利用 scikit-learn 的 KMeans 模型演示 K-Means 聚类过程。

【例 4-2 解答】

程序代码如下:

```
import numpy as np
import matplotlib. pyplot as plt
from sklearn. cluster import KMeans

# 生成样本数据
samples = np. array([[1, 1], [2, 2], [3, 1], [6, 7], [6, 8], [7, 5],
[8, 6], [9, 7], [7, 6], [8, 8], [10, 8]])

# 把样本数据显示在二维坐标上
plt. figure(figsize = (8, 5), dpi = 144)
plt. scatter(samples[ :, 0], samples[ :, 1], s = 100)

# 使用 KMeans 模型拟合
est = KMeans(n_clusters = 2)
est. fit(samples)

# 将聚类结果利用散点图显示出来
labels = est. labels_
centers = est. cluster_centers_
fig = plt. figure(figsize = (8, 5), dpi = 144)
plt. scatter(samples[ :, 0], samples[ :, 1], s = 100, c = labels. astype(np.
float))
plt. scatter(centers[ :, 0], centers[ :, 1], s = 100, marker = " * ")
plt. show()
```

上述程序的分段解释如下：

（1）导入库

通过 import 导入 numpy 库用于生成样本，导入 matplotlib 库用于可视化图表，导入 sklearn. cluster 用于聚类。

（2）生成样本数据

使用 numpy 库生成包含示例数据的 11 个二维的样本数据。

（3）把样本数据显示在二维坐标上

语句 plt. figure(figsize = (8,5),dpi = 144)的作用是创建画布，并设置图形的大小和分辨率。

语句 plt. scatter(samples[:,0],samples[:,1],s = 100)的作用是将 samples 数据集的第 0 列和第 1 列数据作为两个维度，绘制散点图，并设置数据点标记大小为 100。

结果如图 4-7 所示。

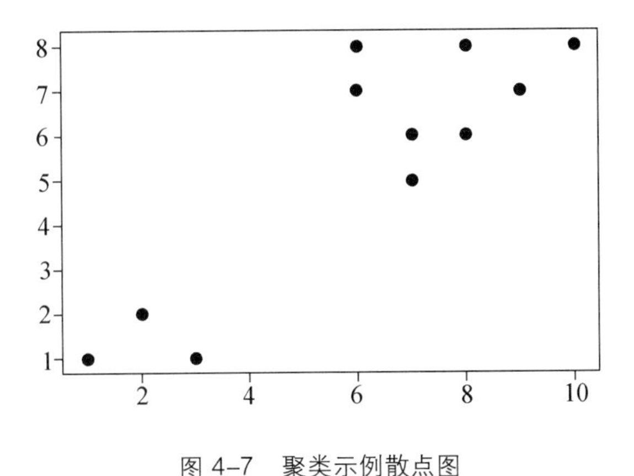

图 4-7　聚类示例散点图

（4）聚类训练

使用 KMeans 模型来拟合，设置聚类簇数为 2，并使用 fit( ) 函数进行训练。

（5）展示结果

绘制聚类结果和质心。

语句 plt. scatter(samples[:,0],samples[:,1],s = 100,c = labels. astype (np. float))的作用是以样本集 samples 为数据绘制散点图,设置数据点大小为 100,设置数据点颜色为其对应的标签值。

语句 plt. scatter(centers[:,0],centers[:,1],s = 100,marker = " * ")的作用是以质心为数据绘制散点图,并设置数据点大小为 100,形状为★。

结果如图 4-8 所示,样本点被聚成两类,★表示质心。

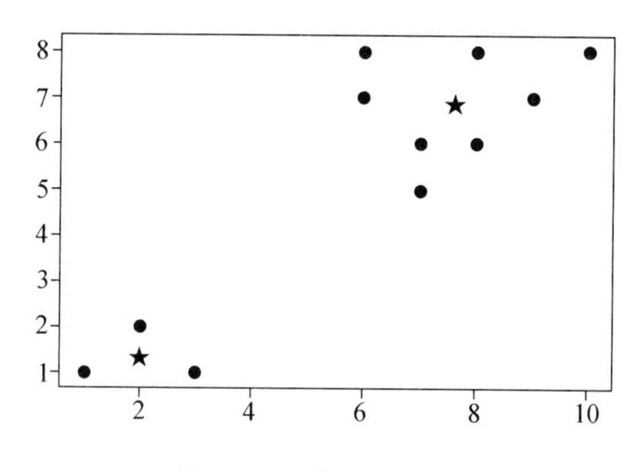

图 4-8　聚类后的散点图

单元小结

思维导图

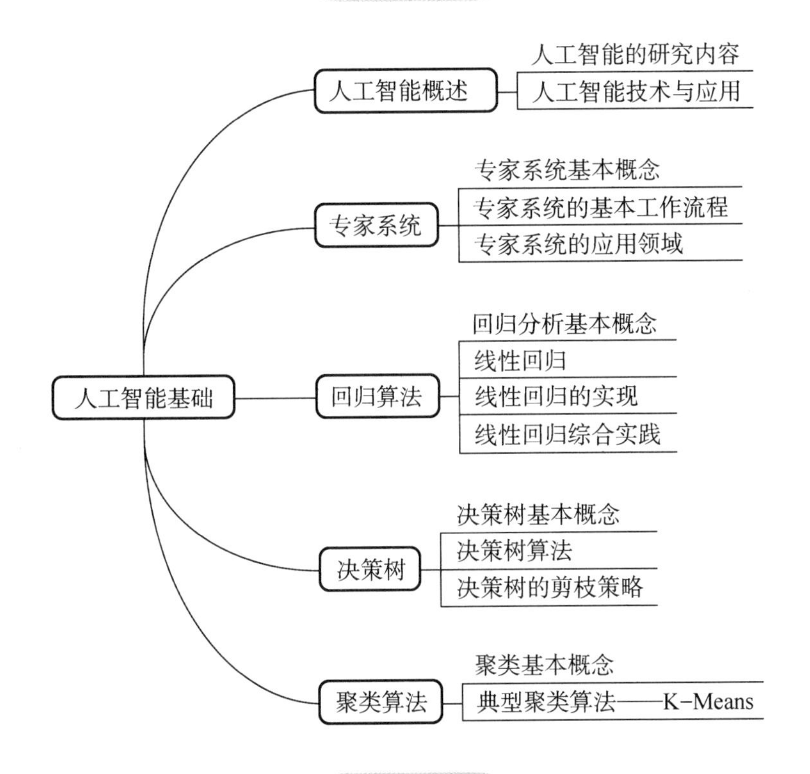

综合练习

一、单选题

1. 人工智能可以分为________。

A. 强人工智能和智能机器　　B. 强人工智能和弱人工智能

C. 智能机器和机器学习　　D. 智能机器和自然语言处理

2. 现阶段，人工智能的核心技术是________。

A. 机器学习　　B. 计算机视觉

C. 自然语言处理　　D. 推理与决策

3. 专家系统的主要组成部分是________。

A. 知识库和推理机　　B. 人机交互界面和综合数据库

C. 专家和用户　　D. 算法和决策策略

4. 专家系统的应用领域包括________。

A. 医疗诊断和法律　　B. 石油化工和设计制造

C. 商业和教学　　D. 所有选项都正确

5. 线性回归是一种用于建立和预测变量之间线性关系的算法。下列关于线性回归的主要特点的描述,正确的是________。

A. 可以处理非线性关系

B. 基于分类算法

C. 假设自变量和因变量之间存在线性关系

D. 可以处理多个因变量

6. 在线性回归中,模型的性能通常使用________指标进行评估。

A. 准确率　　B. 精确度

C. R^2(决定系数)　　D. F1 分数

7. 下列不属于决策树算法的是________。

A. ID3　　B. C4.5　　C. CART　　D. K-Means

8. 在决策树算法中,________指标用于衡量节点的不纯度。

A. 准确率　　B. 熵　　C. F1 Score　　D. 精度

9. K-means 聚类算法在每次迭代中,会将数据点分配到最近的簇中心,并更新簇中心的位置。下列选项中,描述了 K-means 更新簇中心的计算方法的是________。

A. 取各个簇中数据点的平均值作为新的簇中心

B. 随机选择一个数据点作为新的簇中心

C. 将簇中所有数据点的坐标相加得到新的簇中心

D. 取簇中数据点的中位数作为新的簇中心

10. 在 K-Means 聚类算法中,K 的值代表________。

A. 聚类的最大迭代次数　　B. 每个聚类中的样本数量

C. 生成的聚类数量　　　　　　　　D. 数据集中的特征数量

二、填空题

1. 人工智能技术中，自然语言处理被应用于语音助手、________、________、________。

2. 线性回归分析的过程一般包括：________、________、________、________、________。

3. ________和________都是常见的线性回归。

4. K-Means 是一种无监督学习聚类算法，其目标是将数据点划分为 k 个不重叠的簇，通过最小化每个数据点与其所属簇的________来确定簇的划分。

5. K-Means 的工作流程包括初始化 k 个簇中心，然后迭代进行两个步骤：一是将每个数据点分配到最近的簇中心，二是根据分配结果更新簇中心的位置，直到簇中心不再发生________或达到最大迭代次数。

三、综合题

假设你是某电商公司的数据分析师，负责分析用户的购买行为，以便更好地理解用户的购买偏好并针对性地为其推荐商品。现有一份用户购买记录的数据集，其中每条记录包含用户的购买金额和购买频次。请你编写程序，使用 K-Means 聚类算法将用户分成不同的群组，以便根据不同群组的购买行为特征来制定相应的推荐策略。

数据集的描述如下：

用户购买记录数据集包含了 10 个用户的购买记录。每条记录由两个特征组成：购买金额（单位：元）和购买频次（表示用户在一段时间内的购买次数），如下表所示。

表 4-1　用户购买数据集

购买金额（元）	购买频次
10	3
15	2

（续表）

购买金额（元）	购买频次
5	1
20	4
8	2
25	5
12	3
18	4
3	1
30	5

参考答案

一、单选题

1. B　2. A　3. A　4. D　5. C　6. C　7. D　8. B　9. A　10. C

二、填空题

1. 智能翻译、文本分析、自动摘要　2. 确定自变量和因变量、建立预测模型、变量间的相关性检验、模型的评估和检验、利用模型进行预测　3. 一元线性回归、多元线性回归　4. 欧氏距离　5. 变化（或改变）

三、综合题

代码如下，仅供参考：

```
import numpy as np
import matplotlib.pyplot as plt
from sklearn.cluster import KMeans

# 购买记录数据集
purchase_data = np.array([[10, 3], [15, 2], [5, 1], [20, 4], [8, 2], [25, 5], [12, 3], [18, 4], [3, 1], [30, 5]])

# 使用 K-means 聚类算法
```

```
k = 3   # 设置聚类簇的数量
kmeans = KMeans(n_clusters = k)
kmeans.fit(purchase_data)

# 获取聚类结果
labels = kmeans.labels
centers = kmeans.cluster_centers_

# 可视化聚类结果
colors = ['red', 'blue', 'green']
for i in range(k):
    cluster_points = purchase_data[labels == i]
    plt.scatter(cluster_points[:, 0], cluster_points[:, 1], color = colors
[i], label = f'Cluster {i + 1}')

plt.scatter(centers[:, 0], centers[:, 1], marker = '*', color = 'black',
s = 200, label = 'Cluster Centers')
plt.xlabel('Purchase Amount')
plt.ylabel('Purchase Frequency')
plt.legend()
plt.show()
```

程序的运行结果如下：

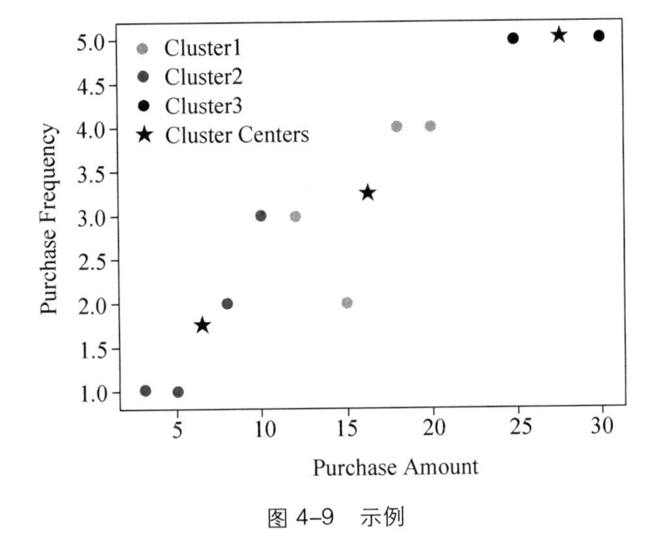

图 4–9　示例

第 5 单元

神经网络与深度学习

现在，人们对文字识别的准确度要求越来越高。

在各种文字的识别技术中，识别手写汉字是一个难点。汉字数量巨大，常用的汉字就高达7000多个，且不同人手写的汉字形状、大小、风格各不相同，这些都给识别手写汉字带来巨大的困难。

为了提高识别的准确度，手写汉字识别技术使用深度学习模型，通过如卷积神经网络(Convolutional Neural Network, CNN)、残差网络(Residual Network, ResNet)等人工神经网络进行训练，可以自动学习手写汉字的特征，提高识别的精度。

在人工神经网络(Artificial Neural Network, ANN)和深度学习模型的支持下，现在手写汉字识别技术的精度已经很高，且得到了广泛应用。例如，将手写汉字识别技术用于智能阅卷，自动识别学生日常作业和试卷的手写内容，促进教学管理的数字化和智能化；将手写汉字识别技术用于自动识别手写的图书摘要、读书笔记等，提高内容管理效率。将手写汉字识别技术用于手写签名认证，通过比对用户的手写签名与标准签名，确认用户身份。将手写汉字识别技术用于文档识别，将纸质文档转化为电子文档，方便文档的编辑和管理。

卷积神经网络、残差网络都属于人工神经网络。人工神经网络是20世纪80年代以来人工智能领域兴起的研究热点。人工神经网络从信息处理角度对人脑神经元网络进行抽象,建立一种模型,按不同的连接方式组成不同的网络。人工神经网络不断进步,其在模式识别、智能机器人、自动控制、预测估计、生物、医学、经济等领域已成功地解决了许多现代计算机难以解决的实际问题,表现出了良好的智能特性。

学习目标

1. 了解MP神经元模型。
2. 理解调整感知机梯度下降的调参算法。
3. 理解感知机模型二分类算法的实现原理。
4. 理解人工神经网络模型的构成。
5. 理解深度学习的概念和常用框架。

5.1

MP 神经元模型

神经元是生物智能的基础。神经元可以接收、处理和输出信息。它们通过复杂的连接和信号传导，实现信息的处理和传递，产生智能行为。1943年提出的MP神经元模型则是按照生物神经元的工作原理和结构建立起来的一个抽象和简化的模型。

在人工智能领域，深度学习是非常重要的技术之一，其核心是神经网络模型。MP神经元模型作为神经网络模型的基础，在人工智能领域有着广泛的应用。

5.1.1 MP 神经元模型计算公式

1943年，Warren McCulloch 和 Walter Pitts 根据人的大脑神经元工作原理提出了MP神经元模型，如图5-1所示。

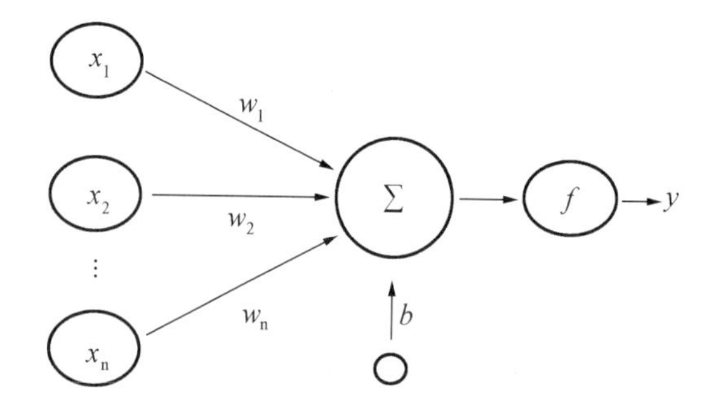

图5-1　MP神经元模型

这里，$x=[x_1,x_2,\cdots,x_n]$是输入向量，$w_1,w_2,\cdots,w_n$是权重，b是偏移量，

f 是激活函数，而神经元的输出 y 的计算公式为：

$$y=f(s)=f(w_1x_1+w_2x_2+\cdots+w_nx_n+b)=f(w^Tx+b)$$

激活函数的作用如下：

如果假设 $z=w_1x_1+w_2x_2+\cdots+w_nx_n+b$，那么神经元的输出为 $y=f(z)$。

由方程可以看出，z 的输出与输入信号 x 是线性的，无论人工神经网络有多少层和神经元，最终，输出与输入都是线性关系，不能解决复杂的非线性问题。于是，人们给神经元增加了激活函数。激活函数给神经元引入了非线性因素，使得人工神经网络可以任意逼近任何非线性函数。

5.1.2 常用的激活函数

1. 线性激活函数

阶跃函数 step 是常用的线性激活函数。step 函数常用于感知机模型。

阶跃函数以阈值 0 为分界线，当输入小于 0 时，输出 0；否则输出 1。阶跃函数 step 的函数图象如图 5-2 所示。

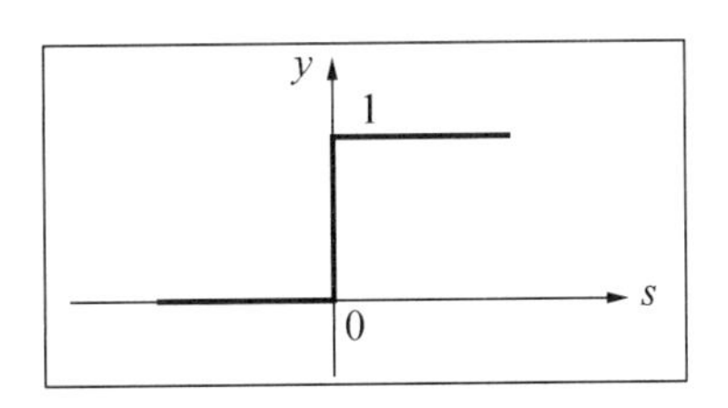

图 5-2　step 函数图象

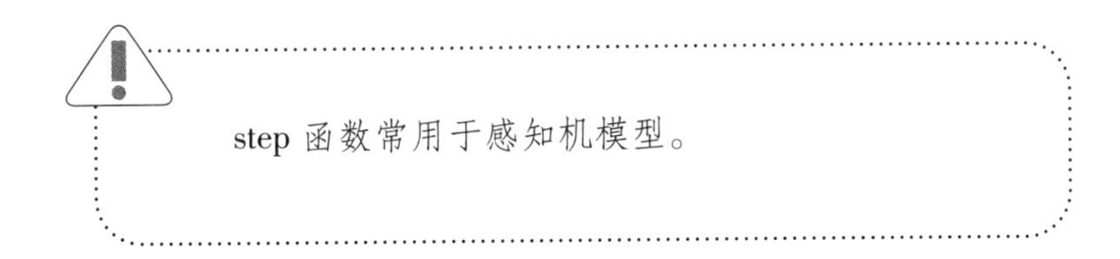

2. 非线性激活函数

（1）sigmoid 函数

sigmoid 函数是一个在生物学中常见的 S 型函数，也称为 S 型生长曲线。

sigmoid 函数及其反函数都具有单调递增的性质。在人工智能领域，sigmoid 函数常被用作人工神经网络的阈值函数，将变量映射到 0 与 1 之间。其公式为：

$$\mathrm{sigmoid}(z)=\frac{1}{1+\mathrm{e}^{-z}}$$

其函数图象如图 5-3 所示：

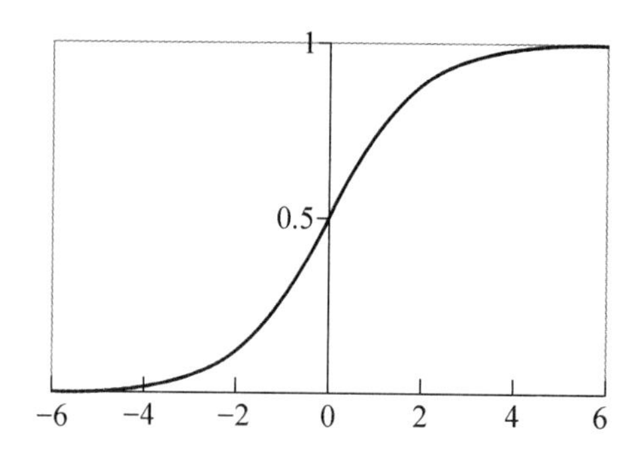

图 5-3　sigmoid 函数图象

sigmoid 函数常用于二元分类问题中。将 $z=w^{T}x+b$ 的值代入 sigmoid 函数即可得到一个分类结果 $ypred=\mathrm{sigmoid}(z)$，其分类结果的值在区间(0,1)上。sigmoid 函数值可以看作一个概率值，当 $\mathrm{sigmoid}(z)>0.5$ 时，则分类结果为 1，否则分类结果为 0。

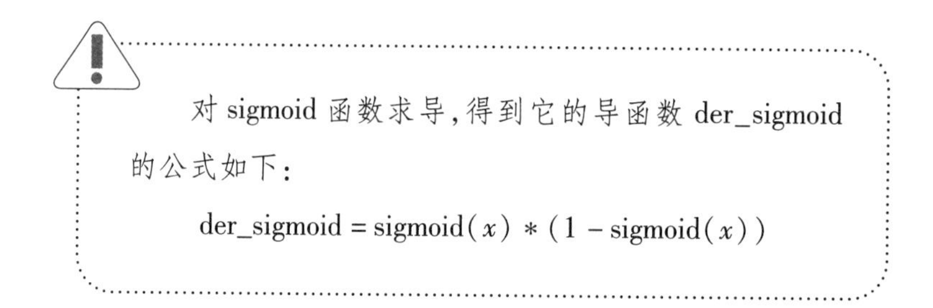

对 sigmoid 函数求导，得到它的导函数 der_sigmoid 的公式如下：

$$der\_sigmoid=\mathrm{sigmoid}(x)*(1-\mathrm{sigmoid}(x))$$

（2）Tanh 函数

Tanh 函数是双曲函数中的一个，为双曲正切。在数学中，双曲正切 Tanh 函数由基本双曲函数的双曲正弦和双曲余弦推导而来。公式如下：

$$\mathrm{Tanh}(z)=\frac{\mathrm{e}^{z}-\mathrm{e}^{-z}}{\mathrm{e}^{z}+\mathrm{e}^{-z}}$$

其函数图象如图 5-4 所示：

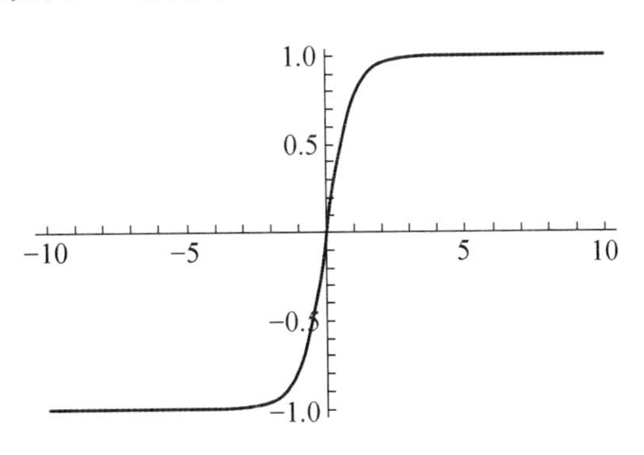

图 5-4　Tanh 函数图象

(3) ReLU 函数

ReLU 函数用于隐层神经元输出。公式如下：

$$\mathrm{ReLU}(z)=\max(0,z)$$

函数图象如图 5-5 所示：

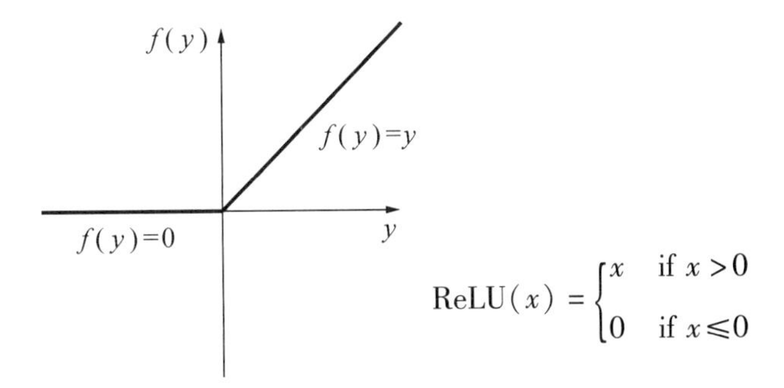

图 5-5　ReLU 函数图象

神经元模型中常用的激活函数通常具有这些性质：简单的非线性函数、连续并可导、单调函数。

5.1.3 MP 神经元模型的用途

选取适当的传递函数和参数 w、b，MP 神经元模型可以实现线性可分的二元分类问题。

【例 5-1】用 MP 神经元模型实现逻辑或问题。

【例 5-1 解答】

逻辑或计算如表 5-1 所示。

表 5-1　逻辑或运算表

x_1	x_2	y
0	0	0
1	0	1
0	1	1
1	1	1

把 x_1 和 x_2 看作样本数据，逻辑或运算的运算结果 y 可以直观表示为如图 5-6 所示的点，深色的点表示 0，浅色的点表示 1。

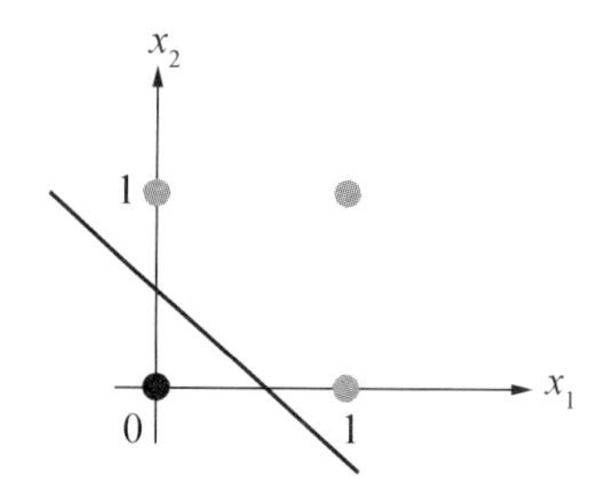

图 5-6　逻辑或运算结果

图 5-6 中的四个点显然是线性可分的，用一条直线可以把这两类点分开。据此构造的 MP 神经元模型如图 5-7 所示。

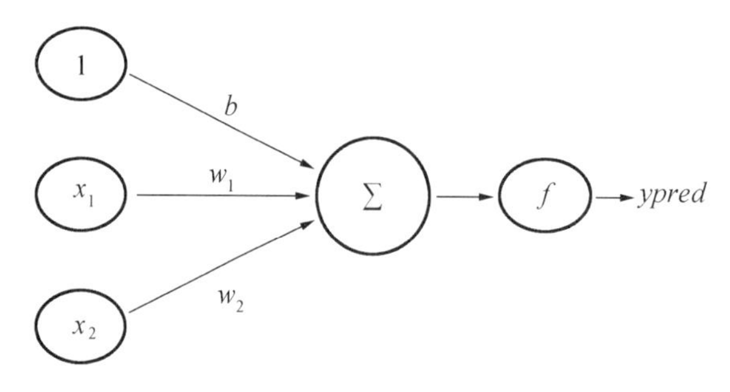

图 5-7　两个输入信号的 MP 神经元模型

如果假设 $w_1=2, w_2=2, b=-1$，取阶跃函数 step 作为激活函数，那么神经元的输出如表 5–2 所示。

表 5–2　逻辑或问题经神经元模型的输出结果

x_1	x_2	y	$z=2*x_1+2*x_2-1$	$f(z)$
0	0	0	−2	0
0	1	1	2	1
1	0	1	2	1
1	1	1	6	1

程序代码如下：

```
import math
def step(x):
    if x<0:     return 0
    else:  return 1
w1 =2
w2 =2
b = -1
X=[[0,0],[0,1],[1,0],[1,1]]
for x in X:
    neto=w1 * x[0]  +  w2 * x[1] +b
    ypred=step(neto)
    print(f'({x[0]},{x[1]})的 MP 模型输出为:{ypred:.0f}')
```

由于程序代码需遵循编程语言的语法规则，所以程序代码中出现的参数与神经元模型参数的形式略有不同，例如“w1”和“w_1”。

5.2 感知机模型

5.2.1 单层感知机模型

Rosenblatt 重新考察了 MP 模型，从数学的角度提出可以通过输入有限的样本自动计算出参数 w 和 b 的方法，并于 1957 年提出感知机算法。该算法可根据训练样本调整参数。

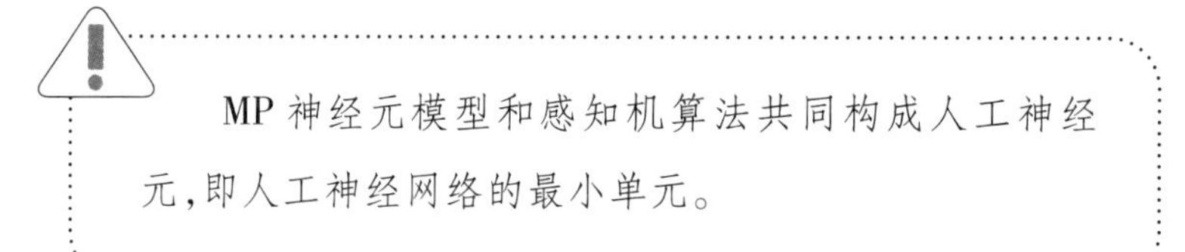

MP 神经元模型和感知机算法共同构成人工神经元，即人工神经网络的最小单元。

基于感知机算法的单层感知机模型，如图 5-8 所示，是一种简单的神经网络模型，它只有一层处理单元，包括输入层和输出层。

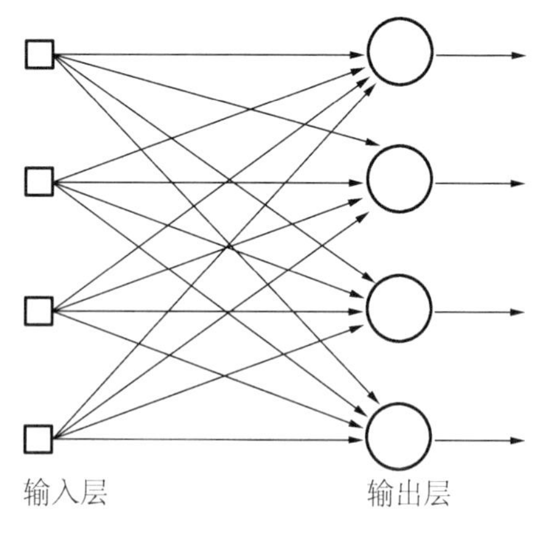

图 5-8　单层感知机模型

5.2.2 梯度下降算法

感知机模型明确了根据样本数据产生权重和偏置参数的方法。感知机模型通过梯度下降算法实现参数调整。

1. 梯度下降算法的公式

梯度下降算法是一种常用的优化算法，可用于寻找某个函数的最小值。它通过在负梯度方向一步步地迭代更新参数，寻找最优解的方法。

梯度下降算法利用迭代方式快速求极值，迭代逼近参数最优解的公式如下：

$$w = w - \eta * \Delta w$$

η 是学习率，Δw 是 w 的梯度。

2. 梯度下降算法的步骤

步骤 1：初始化参数。选择初始参数值。

步骤 2：计算梯度。计算当前参数值点的梯度，即函数在该点的变化率。

步骤 3：更新参数。根据学习率的设定，沿着负梯度的方向更新参数值。

步骤 4：判断终止条件。判断参数是否达到终止条件。若未达到终止条件，则返回第二步继续迭代；若达到终止条件，则返回最终的参数值作为最优解。

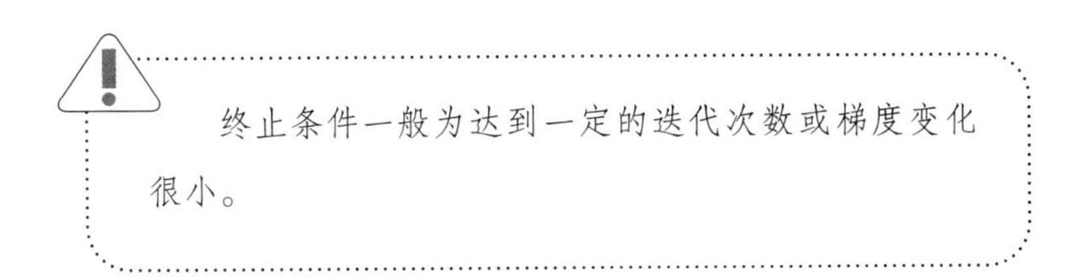

终止条件一般为达到一定的迭代次数或梯度变化很小。

假设 $f(w) = w^2$ 的极值点是 $w = 0$，利用梯度下降法计算 $f(w) = w^2$ 的极值点的过程如图 5-9 所示。起始位置的小人（空心圆处），为了能最快地跑到山谷的最低点，通常会按照最陡峭的方向向下行进到达谷底。最陡峭的方向就是小人所在位置的梯度，也就是切线方向。图 5-9 中，箭头表示梯度，小人的步长表示学习率。经过有限步后，小人就会逐步接近极值点（最低点）。

图 5-9　梯度下降示意图

对于单变量来说，梯度其实就是函数的微分，可以通过其导函数计算得到。$f(w)=w^2$ 的导函数为 $df(w)=2w$，梯度下降求解其极值的步骤如下：

第一步：初始化参数，假设 $w=1$，学习率 $lr=0.4$。

第二步：根据下列公式多次调整 w。

$w=w-lr*df(w)=1-0.4*2=0.2$

$w=w-lr*df(w)=0.2-0.4*0.2*2=0.04$

$w=w-lr*df(w)=0.04-0.4*0.04*2=0.008$

$w=w-lr*df(w)=0.008-0.4*0.08*2=0.0016$

经过有限步后，w 的值越来越接近极值点 0。

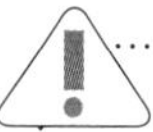

从数学角度，计算一个函数的极值点可以用求导等于零来获得，但是大多数函数的导函数很复杂，很难直接通过导函数等于 0 求解极值点，而使用梯度下降算法计算极值点则更方便。

利用梯度下降算法一定能得到目标函数的全局极值点吗？

【例 5-2】根据样本数据调整感知机参数 w 和 b。

【例 5-2 解答】

对于感知机模型，如要根据样本数据调整参数 w 和 b，首先要定义损失函数。假设我们定义损失函数 $loss$ 为输出值与真实值的差值的平方，即

$$loss=(y-ypred)^2$$

这样我们的目的就是找到参数 w 和 b，使得 $loss$ 最小。当 $loss=0$ 时，说明感知机模型的输出 $ypred$ 等于真实值 y。为了方便计算梯度，假设激活函数为 sigmoid 函数，神经元输出的计算公式为：

$neto=w_1*x_1+w_2*x_2+b$

计算过程如下：

$ypred=sigmoid(neto)$

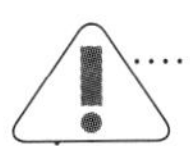

$neto$ 是参数为 w 和 b 的函数，$ypred$ 是参数为 $neto$ 的函数。

定义损失函数 $loss=(y-ypred)^2$，令：

$d_{loss}_d_{ypred}$表示损失函数 $loss$ 对 $ypred$ 的导数，

$d_{ypred}_d_{net0}$表示感知机激活函数输出 $ypred$ 对 $neto$ 的导数，

$d_{neto}\_d_{w1}$，$d_{neto}\_d_{w2}$，$d_{neto}_d_{b}$表示感知机网络输出 $neto$ 对参数 w_1，w_2，b 的导数。

那么：

$d_{loss}\_d_{ypred}=-2*(y-ypred)$

$d_{ypred}\_d_{net0}=der\_sigmoid(neto)$

$d_{neto}\_d_{w1}=x_1$

$d_{neto}\_d_{w2}=x_2$

$d_{neto}\_d_{b}=1$

根据求导链式法则计算：

偏移量 b 的梯度，$\Delta b = d_{loss}\_d_{b} = d_{loss}\_d_{ypred} * d_{ypred}\_d_{neto} * d_{neto}\_d_{b}$，

偏移量 w_1 的梯度，$\Delta w_1 = d_{loss}\_d_{w1} = d_{loss}\_d_{ypred} * d_{ypred}\_d_{neto} * d_{neto}\_d_{w1}$，

偏移量 w_2 的梯度，$\Delta w_2 = d_{loss}\_d_{w2} = d_{loss}\_d_{ypred} * d_{ypred}\_d_{neto} * d_{neto}\_d_{w2}$，

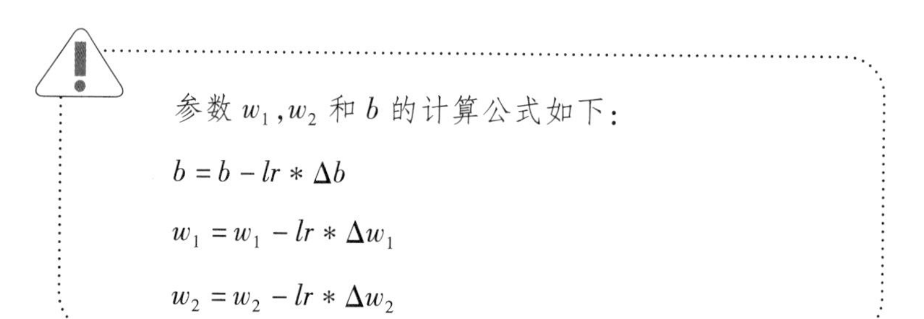

参数 w_1，w_2 和 b 的计算公式如下：

$b = b - lr * \Delta b$

$w_1 = w_1 - lr * \Delta w_1$

$w_2 = w_2 - lr * \Delta w_2$

程序代码如下：

```
import math
import random
def sigmoid(x):
    ret = 1/(1 + math.exp(-x))
    return ret
def deriv_sigmoid(x):
    sd = sigmoid(x)
    return sd * (1 - sd)
def feedback(x,y):
    global w1,w2,b,lr
    neto = w1 * x[0] + w2 * x[1] + b
    ypred = sigmoid(neto)
    dloss_dypred = -2 * (y - ypred)
    dypred_dneto = deriv_sigmoid(neto)
    dneto_dw1 = x[0]
    dneto_dw2 = x[1]
    dneto_db = 1
```

```
    b = b  -  lr * dloss_dypred    * dypred_dneto  *  dneto_db
    w1 = w1 - lr * dloss_dypred    * dypred_dneto  *  dneto_dw1
    w2 = w2 - lr * dloss_dypred    * dypred_dneto  *  dneto_dw2
def train(X,Y):
    global w1,w2,b,epochs
    for epoch in range(epochs):
        for i in range(len(X)):
            x = X[i]
            y = Y[i]
            feedback(x,y)
            neto = w1 * x[0]  +  w2 * x[1] + b
            ypred = sigmoid(neto)
            loss = (y - ypred) * (y - ypred)
            print(f'训练轮次{epoch},({x[0]},{x[1]})的MP模型输出为:{ypred:.4f}, 损失:{loss:.4f}')


w1 = random.random()
w2 = random.random()
b = random.random()
lr = 0.01
epochs = 2000
X = [[0,0],[0,1],[1,0],[1,1]]
Y = [0,1,1,1]
train(X,Y)
print(f"训练后的参数为 w1 = {w1:.4f},w2 = {w2:.4f},b = {b:.4f}")
```

逻辑门电路是构成计算机硬件的基础。逻辑门有四种重要的分类:与门、或门、与非门及异或门。理论上,如果一种计算模型能实现四种基本逻辑门电路,那么就能实现所有的计算。因此,一种计算模型实现基本逻辑门电路的能力经常被用作检验模型的理论计算能力的方法。

1969 年,有人工智能科学家仔细分析了由感知机构成的单层人工神经网络的功能和局限,证明感知机模型能实现逻辑与、逻辑或、逻辑非等线性可分问题,但不能解决如“异或”等线性不可分问题。后来,人们增加网络层数,发现多层人工神经网络不仅可以解决“异或”问题,而且具有很好的非线性分类效果。

5.3 人工神经网络

人工神经网络由多个单层感知机构成。一个 n 层的人工神经网络中，第一层为输入层，第 n 层为输出层，中间各层称为隐藏层。图 5–10 所示为有一个隐藏层的浅层人工神经网络模型。

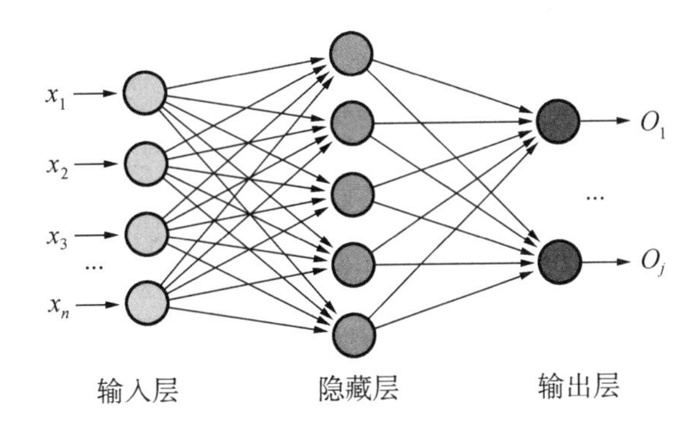

图 5–10　多层人工神经网络示例

多层人工神经网络涉及前向传播算法和反向传播算法。

5.3.1 前向传播算法

前向传播算法是将人工神经网络中上一层的输出作为当前层的输入，并计算输出，作为下一层的输入，直到运算至输出层为止。其过程可这样理解：

假设一个有两个神经元的隐藏层和一个输出神经元的简单人工神经网络模型，如图 5–11 所示。

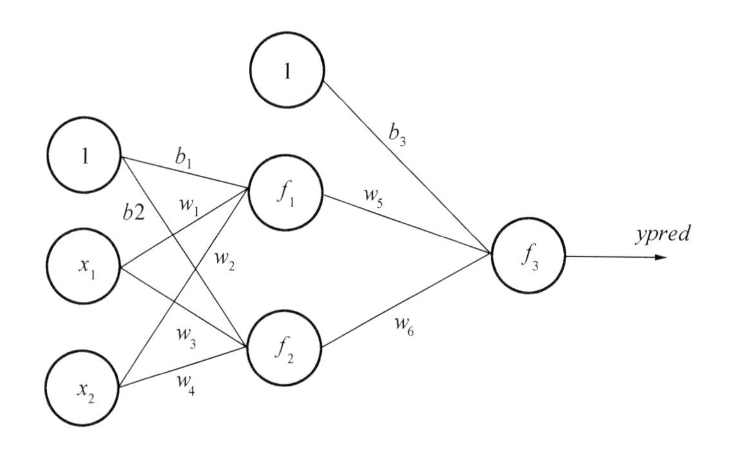

图 5-11 简单人工神经网络模型

假定f_1，f_2，f_3 都是 sigmoid 激活函数，第一个神经元的求和输出为 z_1，经激活函数后的输出值为 h_1；第二个神经元的求和输出为 z_2，经激活函数后的输出值为 h_2；输出层神经元的求和输出为 z，经激活函数后的输出值为 $ypred$。

那么计算过程为：

$z_1 = w_1 * x_1 + w_2 * x_2 + b_1$

$h_1 = sigmoid(z_1)$

$z_2 = w_3 * x_1 + w_4 * x_2 + b_2$

$h_2 = sigmoid(z_2)$

$z = w_5 * h_1 + w_6 * h_2 + b_3$

$ypred = sigmoid(z)$

【例 5-3】多层人工神经网络前向传播算法。

【例 5-3 解答】

假设 $w_1 = 4$，$w_2 = 4$，$b_1 = -2$，$w_3 = -4$，$w_4 = -4$，$b_2 = 6$，$w_5 = 4$，$w_6 = 4$，$b_3 = -6$，激活函数f_1，f_2，f_3 为 sigmoid 函数，如图 5-12 所示。前向传播算法计算结果如表 5-3 所示。由结果可知，该多层神经网络可以解决逻辑异或问题。

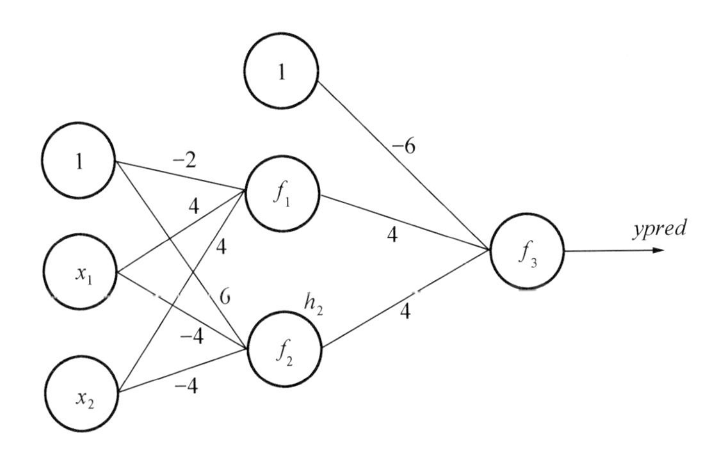

图 5-12　赋值的人工神经网络模型

表 5-3　前向传播计算结果

x_1	x_2	h_1	h_2	*ypred*
0	0	0.119	0.998	0.178
0	1	0.881	0.881	0.740
1	0	0.881	0.881	0.740
1	1	0.998	0.119	0.178

程序代码如下：

```
import math
def sigmoid(x):
    ret = 1/(1 + math.exp( - x))
    return ret
w1,w2,b1,w3,w4,b2,w5,w6,b3 = 4,4, -2, -4, -4,6,4,4, -6
X = [[0,0],[0,1],[1,0],[1,1]]
for x in X:
    x1 = x[0]
    x2 = x[1]
    z1 = w1 * x1  +  w2 * x2  +  b1
```

```
h1 = sigmoid(z1)
z2 = w3 * x1 + w4 * x2 + b2
h2 = sigmoid(z2)
z = w5 * h1 + w6 * h2 + b3
ypred = sigmoid(z)
print(f'({x[0]},{x[1]})的神经网络前馈输出为:{ypred:.3f}')
```

5.3.2 反向传播算法

反向传播算法以减小误差为准则，寻找最佳参数，通过梯度下降算法来实现。

基于例 5-3，设定义损失函数 $loss=(y-ypred)^2$，$loss$ 对 w_5，w_6 和 b_3 的参数更新算法同感知机模型调参算法，例如隐藏层参数 w_1 更新算法如下所示：

$d_{loss}\_d_{ypred} = -2*(y-ypred)$

$d_{ypred}\_d_z = der\_sigmoid(z)$

$d_z\_d_{h1} = w_5$

$d_{h1}\_d_{z1} = der\_sigmoid(z_1)$

$d_{z1}\_d_{w1} = x_1$

根据求导链式法则，损失函数 $loss$ 关于 w_1 的梯度 T_{w1} 计算公式为：

$d_{\mathrm{loss}}\_d_{\mathrm{w1}} = d_{\mathrm{loss}}\_d_{\mathrm{ypred}} * d_{\mathrm{ypred}}\_d_{\mathrm{z}} * d_{\mathrm{z}}\_d_{\mathrm{h1}} * d_{\mathrm{h1}}\_d_{\mathrm{z1}} * d_{\mathrm{z1}}\_d_{\mathrm{w1}}$

参数 w_1 的更新公式为：

$w_1 = w_1 - lr * d_{\mathrm{loss}}\_d_{\mathrm{w1}}$

如何更新 w_2、w_3、w_4 等其他参数？

随着层数及每层神经元个数的增多，人工神经网络参数会变得很多，运算复杂度也会变得很高，反向传播算法便会变得很复杂。现在，我们可以利用深度学习框架很方便地使用人工神经网络解决实际问题。目前常用的深度学习框架有 Caffe、MXNet、TensorFlow、Keras 和 PyTorch 等。

利用深度学习框架使用人工神经网络的步骤：

步骤 1：建立模型。

构造基层网络，确定每层神经元的个数及激活函数。

步骤 2：选择损失函数与优化器。

① 选择使用的损失函数（常用损失函数有平方误差、交叉熵等）；

② 选择合适的优化器（使用梯度下降算法的优化算法）；

③ 设定学习率。

步骤 3：训练模型。

通过训练数据，调整参数。

步骤 4：预测。

使用训练好的模型，预测未知样本。

【例 5-4】用 Keras 创建神经模型实现异或问题的二元分类。

【例 5-4 解答】

程序代码如下：

```
import numpy as np
from keras. models import Sequential
from keras. layers. core import Dense
training_data = np. array([[0,0],[0,1],[1,0],[1,1]], "float32")
target_data = np. array([[0],[1],[1],[0]], "float32")
#步骤 1:建立模型
model = Sequential()
model. add(Dense(2, input_dim =2, activation = 'sigmoid'))
model. add(Dense(1, activation = 'sigmoid'))
#步骤 2:定义损失函数与优化器
```

```
model.compile(loss = 'mean_squared_error',
              optimizer = 'adam',
              metrics = ['binary_accuracy'])
#步骤3:训练模型
model.fit(training_data, target_data, epochs = 10000, verbose = 2)
#步骤4:预测
print(model.predict(training_data))
```

编制上面程序代码需要安装 keras 和 numpy 模块。

5.3.3 多分类人工神经网络

例5-4是一个二分类问题。对于二分类问题,人工神经网络输出层的神经元个数为1,一般使用 sigmoid 函数作为激活函数。而对于多分类问题,人工神经网络输出层的神经元个数一般通常为类别数,通常使用 softmax 函数作为输出层激活函数。

softmax 函数又称为归一化指数函数,它是二分类函数 sigmoid 在多分类上的推广,目的是将多分类的结果以概率的形式展现出来。它将多个神经元的输出映射到(0,1)区间内,看成类别的概率来分类。softmax 公式如下:

$$y_i = \frac{e^{z_i}}{\sum_j^K e^{z_j}} \quad i = 1,2,\cdots,K$$

这里,z_i 为输出层第 i 个神经元的状态,显然有 $0 < y_i < 1$ 且 $\sum_i y_i = 1$。

假设构建的人工神经网络模型输出层有三个神经元,z_1、z_2、z_3 分别为输入神经元经过加权求和得到的结果。三个输出神经元的 softmax 激活输出计算如图5-13所示。

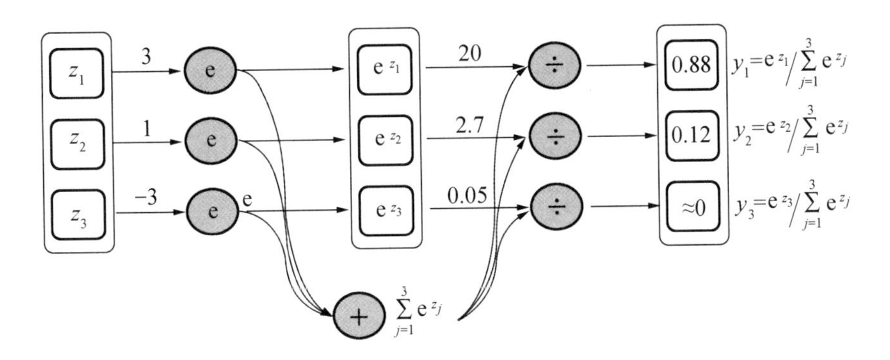

图 5-13　softmax 运算示意图

【例 5-5】鸢尾花分类器的设计与实现。

【例 5-5 解答】

下面以鸢尾花识别为例来解释多分类人工神经网络的实现。鸢尾花共有三类，分别为 setosa、versicolor 和 virginica，我们分别用 0，1，2 来表示这三个类别。假设有如下表所示的鸢尾花特征和类别的数据。

Sepal_Length，Sepal_Width，Petal_Length，Petal_Width，Species

5.1，3.5，1.4，0.2，0

4.9，3，1.4，0.2，0

4.7，3.2，1.3，0.2，0

5.7，2.8，4.5，1.3，1

6.3，3.3，4.7，1.6，1

4.9，2.4，3.3，1，1

6.7，3.3，5.7，2.1，2

7.2，3.2，6，1.8，2

6.2，2.8，4.8，1.8，2

构建的鸢尾花网络分类模型如图 5-14 所示。网络分类模型输出使用 softmax 激活函数，输出有三个值。这三个值可以看作是鸢尾花的三个类别的概率值。

下页图中，输出 0.8 的概率值最大，可以认为网络分类模型预测的鸢尾花的类别是 2，也就是鸢尾花的品种为 virginica。

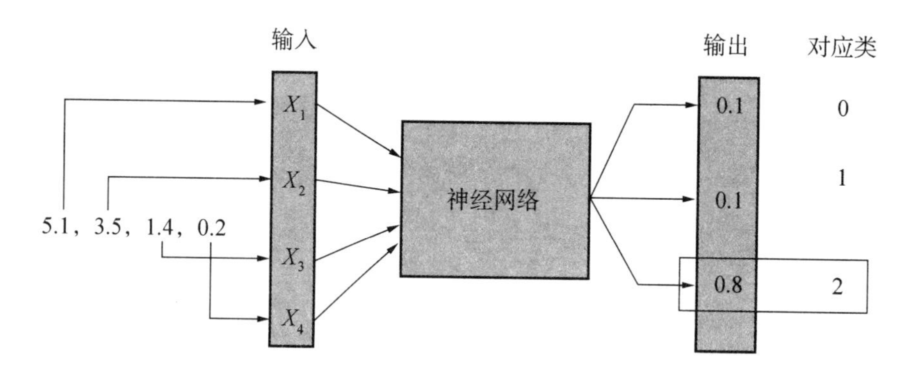

图 5-14　鸢尾花网络分类模型

二分类问题的人工神经网络模型的输出层可以是一个神经元且常用 sigmoid 激活函数，而多分类问题的人工神经网络模型，输出层神经元的激活函数常用 softmax 函数且神经元设计为类别数目。这是为什么？

程序代码如下：

```
from keras. models import Sequential
from keras. layers import Dense
from sklearn import datasets
from sklearn. model_selection import train_test_split
from sklearn import metrics
from keras. utils import to_categorical
import numpy as np
from keras. optimizers import Adam


loaded_data = datasets. load_iris( )
data_X = loaded_data. data
data_y = loaded_data. target
```

```
data_y_onehot = to_categorical(data_y)
#将原始数据划分为两部分,训练数据集和测试数据集,测试数据集占总数据集的0.2
X_train, X_test, y_train, y_test = train_test_split(data_X, data_y_onehot, test_size =0.2)
model = Sequential()
model.add(Dense(10, input_dim =4, activation = 'tanh'))#输入个数4,神经元个数10
model.add(Dense(units =10, activation = 'tanh'))#该层输入个数为10,可以不指定
model.add(Dense(3, activation = 'softmax')) #输出神经元个数是3
# 使用 compile 函数设置损失函数和学习率以及梯度下降算法
model.compile(loss = 'mean_squared_error', optimizer = Adam(lr =0.03),
metrics = ['accuracy'])
#训练
model.fit(X_train,y_train, batch_size =20, epochs =100 ,verbose =1)
model.save_weights('keras_iris.pt')
y_pred = model.predict(X_test)
y_test_pred = np.argmax(y_pred, axis =1)
score = model.evaluate(X_train,y_train)
print(f'训练集准确率 is {score[1]}')
score = model.evaluate(X_test,y_test)
print(f'测试集准确率 is {score[1]}')
```

深度学习

深度学习是人工神经网络研究的一个大分支，由计算机科学家 Geoffrey Hinton 等人于 2006 年和 2007 年在 *Sciences* 等杂志上发表的文章中提出。深度学习泛指包含很多隐藏层（中间层）的多层人工神经网络。深度学习与人工神经网络的关系如图 5-15 所示。深度学习不仅增加了隐藏层的层数，还引进了很多全新的思想或方法，例如深度学习框架中的卷积神经网络引入了卷积和池化这两种新操作。

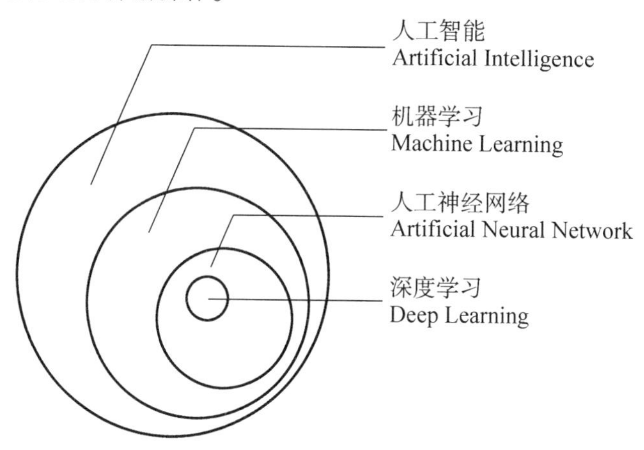

图 5-15　深度学习与神经网络的关系

5.4.1 深度学习框架

1. Caffe

Caffe 是一个清晰而高效的深度学习框架，基于 C++/CUDA 架构，提供了 Python 和 Matlab 接口。

Caffe 的优点：

① 支持多语言。基于 C++/CUDA，也具有命令行、Python 和 Matlab 编程接口。

② 训练速度快。支持 MKL、OpenBLAS、cuBLAS 加速计算，也支持 GPU 加速。

③ 易使用。功能模块化，例程多。

Caffe 的缺点：

① 主要支持 CNN。暂不支持 RNN，更适合用于图像处理相关任务。

② 缺失灵活性。Caffe 最主要的抽象对象是层，每实现一个新的层，必须利用 C++ 实现它的前向传播和反向传播代码。如果想要新层运行在 GPU 上，还需要利用 CUDA 实现这一层灵活地前向传播和反向传播代码。这使得不熟悉 C++ 和 CUDA 的开发者扩展 Caffe 很困难。

2. TensorFlow

开源的 TensorFlow 于 2015 年推出，是目前最流行的深度学习框架之一。TensorFlow 具有 Python 和 C++ 编程接口，随着版本的升级，其也支持 Java、Go、R 等语言。TensorFlow 具有可视化界面，数据和模型并行化好，速度快，但使用难度较大。

TensorFlow 的优点：

① 广泛的应用场景。TensorFlow 支持各种类型的深度学习模型，包括 CNN、RNN 和变换器等，广泛应用于计算机视觉、自然语言处理和语音识别等领域。

② 可扩展性。TensorFlow 是一个可扩展的框架，它可以在多个 GPU 和 CPU 上运行，因此非常适合在大规模数据集上训练深度学习模型。

③ 开放源代码。TensorFlow 是一个开源框架。开发者可以获取 TensorFlow 源代码并进行修改和分发。

TensorFlow 的缺点：

① 过于复杂的系统设计。TensorFlow 的底层实现较为复杂，学习难度

较大。

② 接口变动频繁。TensorFlow 的接口一直处于快速迭代之中，且不能很好地向后兼容，这导致许多开源代码无法在新版的 TensorFlow 上运行，也导致许多基于 TensorFlow 的第三方框架出现问题。

③ 接口设计比较难懂。TensorFlow 中会涉及图、会话、命名空间等诸多抽象概念，使得普通用户难以理解。

3. Keras

Keras 是一个高级深度学习框架，最初发布于 2015 年，在 2017 年成为 TensorFlow 的一部分。Keras 提供了一种简单且直观的神经网络 API，其高度模块化，使用简单方便，可以轻松地构建和训练深度学习模型，支持快速实验，快速建模。

Keras 的优点：

① 易于学习和使用。Keras 的设计理念简单且直观，学习难度较低。

② 丰富的高级 API。Keras 提供了丰富的高级 API，包括 CNN、RNN 和变换器等，这使得用户可以轻松地构建和训练深度学习模型。

Keras 的缺点：

① 灵活性不足。由于 Keras 的高级 API 设计，开发者无法进行一些底层的操作。

② 扩展性有限。Keras 在大规模数据集上训练深度学习模型时可能会遇到内存不足的问题。

③ 训练速度较慢。Keras 在运行速度上相对较慢，需要较长的训练时间。

4. PyTorch

PyTorch 是 2017 年推出的开源深度学习框架。PyTorch 是基于动态张量的深度学习框架，可在 GPU 上高效运行，有大量的预训练模型，使开发者能够快速地构建模型。相比于 Keras，它便于开发者方便自定义模型，主要应用于科研和生产。

PyTorch 的优点：

① 易于学习和使用。PyTorch 的设计理念简单且直观,学习难度相对较低。

② 灵活性强。PyTorch 提供了许多底层 API,开发者可以自由地进行模型设计和调试。

③ 动态计算图。PyTorch 可以在运行时动态创建和修改,这使得调试和开发变得更加容易。

PyTorch 的缺点:

① 不适合大规模训练。PyTorch 在大规模数据集上训练深度学习模型时,可能会遇到内存不足的问题。

② 不稳定。PyTorch 新版本的稳定性不高,可能会出现一些未知的错误。

③ 训练速度较慢。PyTorch 的运行速度相对较慢,需要较长的训练时间。

5.4.2 深度学习新技术

随着深度学习技术的发展,深度学习领域出现了很多新技术、新网络结构,如长短记忆网络(LSTM)、残差网络(ResNet)等;新的激活函数,如 ReLU;新的权重初始化方法,如逐层初始化;新的防止过拟合方法,如神经网络中丢弃单元的 Dropout、对每一批数据进行归一化处理的 Batch Normalization 等。

单元小结

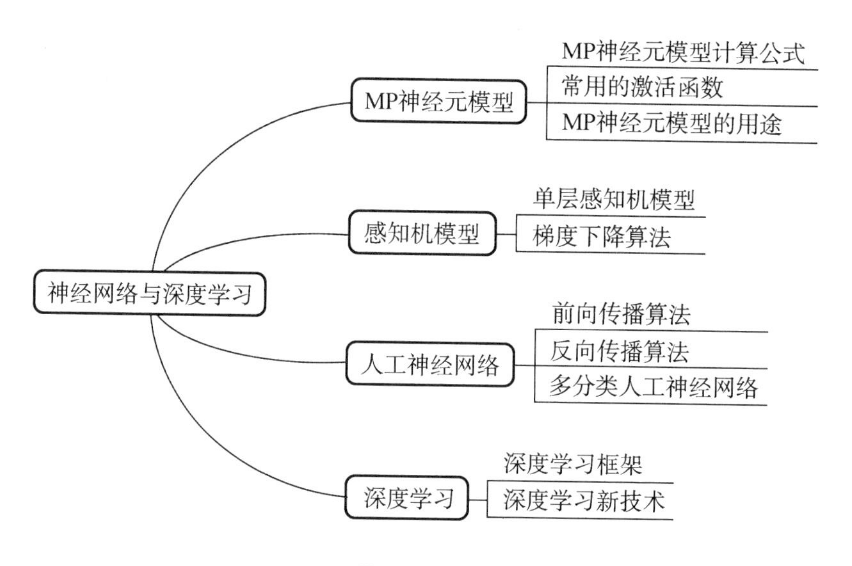

综合练习

一、单选题

1. 已知一个 MP 神经元模型，$x=[x_1, x_2, \cdots, x_n]$是输入向量，$w_1, w_2, \cdots, w_n$是权重，$b$ 是偏移量，f 是激活函数，神经元的输出 y 的计算公式为________。

A. $y=w_1 * x_1+\cdots+w_n * x_n$

B. $y=w_1 * x_1+\cdots+w_n * x_n+b$

C. $y=f(w_1 * x_1+\cdots+w_n * x_n)+b$

D. $y=f(w_1 * x_1+\cdots+w_n * x_n+b)$

2. 关于单个神经元的感知机模型，下列说法错误的是________。

A. 单个神经元模型能实现逻辑与二元分类问题

B. 单个神经元模型能实现逻辑或二元分类问题

C. 单个神经元模型能实现逻辑非二元分类问题

D. 单个神经元模型能实现逻辑异或的分类问题

3. 下列不能作为神经网络激活函数的是________。

A. sigmoid　　B. ReLU　　C. Tanh　　D. e^x

4. 梯度下降的学习率的作用是________。

A. 迭代次数　　B. 学习速率

C. 计算梯度　　D. 终止条件

5. 在多分类神经网络模型中,通常用于输出神经元的激活函数是________。

A. softmax　　B. sigmoid

C. ReLU　　D. Tanh

6. 在多分类神经网络模型中,如果输出神经元的激活函数是 softmax,那么输出神经元的个数为________。

A. 输入向量的维数　　B. 类别个数

C. 类别个数 +1　　D. 类别个数 -1

7. 单层人工神经网络包括________。

A. 一层输入层　　B. 多层隐藏层

C. 两层输出层　　D. 两层输入层

8. 下列选项中,深度学习不常用于________。

A. 图像识别　　B. 语音识别

C. 自然语言处理　　D. 数据库管理

9. 下列选项中,不是深度学习框架的是________。

A. Keras　　B. TensorFlow　　C. PyTorch　　D. sklearn

10. 下列选项中,不属于深度学习网络模型的是________。

A. 卷积神经网络(CNN)　　B. 长短记忆网络(LSTM)

C. 残差网络(ResNet)　　D. 支撑向量机(SVM)

二、填空题

1. 使神经网络可处理非线性任务的是________。

2. 神经元常用的激活函数有________、________、________等。

3. 感知机调整参数的实现算法是________。

4. 多分类神经网络输出层常用的激活函数是________。

5. 深度学习泛指包含很多________层的多层神经网络。

参考答案

一、单选题

1. D　2. D　3. D　4. B　5. A　6. B　7. A　8. D　9. D　10. D

二、填空题

1. 激活函数　2. sigmoid、Tanh、ReLU　3. 梯度下降法　4. softmax

5. 隐藏

第6单元

人工智能的实现与应用

随着智能家居产品的丰富，智能家居给人们带来了便利和舒适。例如人们回到家门口，智能门锁可以快速地识别主人并自动解锁。在家中，人们可以通过智能音箱，使用简单的语音指令轻松控制家电，例如调节空调温度或者播放音乐。在可预见的未来，智能家居将会越来越普及，更多的设备将被纳入智能系统，进一步提升家居生活的便捷程度。此外，随着人工智能技术的发展，智能家居可能会拥有更强的自主决策能力，比如根据天气、交通等信息为用户推荐出行的时间和方式。

在智能家居领域，诸多功能的背后离不开图像识别、智能语音等人工智能技术的支持。例如，智能门锁应用了图像识别技术，能自动识别家庭成员的面孔。智能音箱应用了智能语音技术，能识别并理解用户的要求。

未来，人工智能技术会越来越多地应用于我们日常生活，为医疗、教育、交通等各个领域带来巨大的革命性变革。

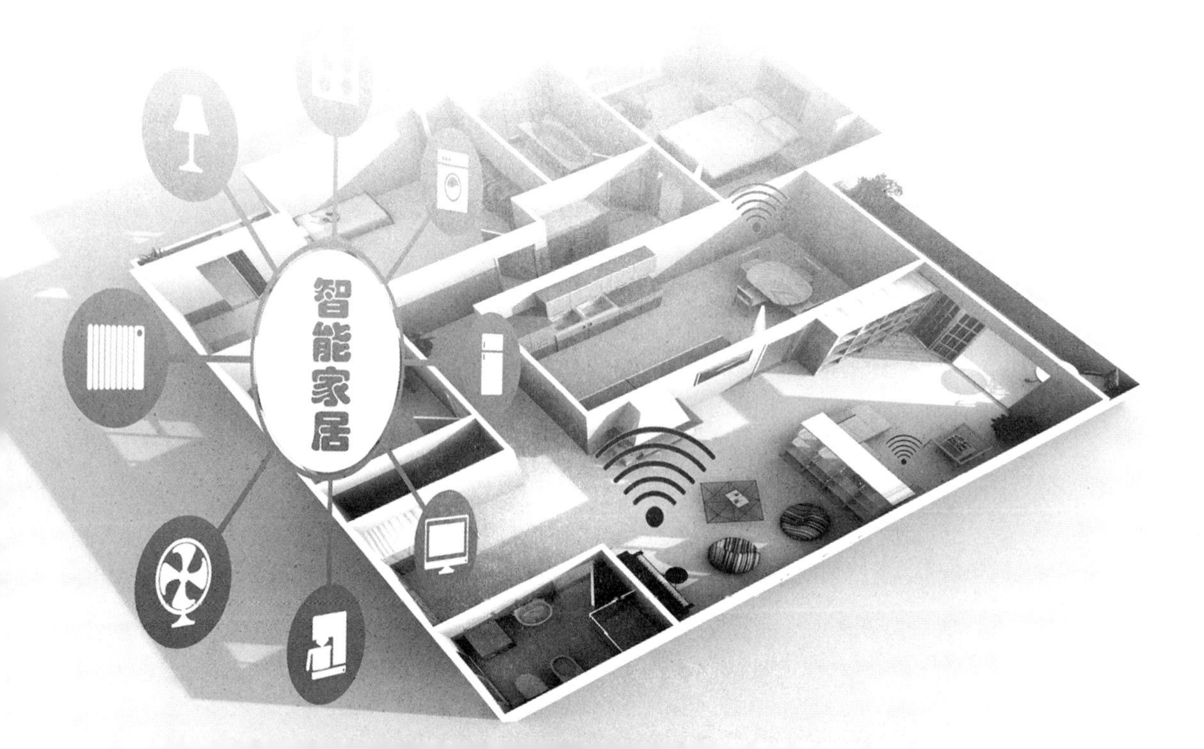

人工智能的各种应用不再仅存在于小说、电影和幻想中，它已经渗透到我们的日常生活中，成为现实。人工智能也被视为第四次工业革命的一部分。

人工智能已经成为社会发展的关键驱动力，深刻地改变着我们的生活和工作方式，同时也为创新提供了无限可能。人工智能技术的应用将继续扩展，未来将会有更多的机会和挑战。

学习目标

1. 了解自然语言处理的基本概念。
2. 知道自然语言处理的常见技术。
3. 了解计算机视觉的基本概念。
4. 知道计算机视觉的常见技术。
5. 了解智能机器人的基本概念。
6. 了解机器人的感知、运动控制的基本原理。
7. 理解人工智能内容生成的基本原理。

6.1

自然语言处理

自然语言处理(Natural Language Processing,NLP)是人工智能领域的一个重要分支。

自然语言处理让计算机能够像人类一样理解和处理人类的语言,从而使计算机可执行与人类语言相关的任务,比如回答问题、翻译语言、自动写文章、检查拼写错误等。

6.1.1 文本基础

自然语言处理的对象之一是文本数据。文本数据是由文字组成的信息。这些文字可以来自书籍、文章、社交媒体上的帖子、新闻等。

一般,文本数据包括:

① 文本结构基础,包括文本的组成元素,如单词、句子和段落等。

② 词汇学基础,包括词汇、词形、词干、词义和同义词等概念。

中文的文本结构比英语文本结构要复杂很多。一个句子中可包括主语、谓语、宾语、代词、动词、副词等。

随着自然语言处理技术的快速发展,针对中文分词,现在主要有三类方法:规则分词、统计分词和混合分词。相应的开源分词工具也很多。Python开发环境下的中文分词工具有Jieba、NLPIR、SnownNLP、Ansj、盘古分词等。其中Jieba应用较为广泛,不仅能分词,还提供关键词提取和词性标注等功能。Jieba分词结合了规则和统计两种方法,功能强大。

1. Jieba的三种分词模式

① 精确模式。试图将句子最精确地切开,适合文本分析。

② 全模式。把句子中所有可以成词的词语都扫描出来，速度非常快，但是不能解决歧义。

③ 搜索引擎模式。在精确模式的基础上,对长词再次切分,提高召回率,适合用于搜索引擎分词。

同时Jieba还支持繁体分词、自定义词典、MIT授权协议。

Jieba分词是通过其提供的cut( )方法和cut_for_search( )方法来实现的。jieba. cut( )和 jieba. cut_for_search( ) 返回的结构都是一个可迭代的generator对象,可以使用for循环来获得分词后得到的每一个词语。

jieba. cut方法的基本格式:

cut(sentence, cut_all = False, HMM = True)

参数含义如下:

Sentence:需要分词的字符串。

cut_all:用来控制是否采用全模式。

HMM:用来控制是否使用HMM模型。

jieba. cut_for_search( ) 方法更适合搜索引擎,可以构建倒排索引的分词,粒度比较细。两个参数分别表示需要分词的字符串和是否使用HMM模型。

待分词的字符串可以是unicode或UTF-8字符串、GBK字符串。但一般不建议直接输入GBK字符串,因为GBK字符串可能会被错误地解码成UTF-8。

【例6-1】jieba中文分词。

【例6-1 解答】

程序代码如下：

```
import jieba
list0 =jieba. cut('东北林业大学的猫科动物专家判定,这只野生东北虎属于定居虎。', cut_all = True)
print('全模式', list(list0))
list1 =jieba. cut('东北林业大学的猫科动物专家判定,这只野生东北虎属于定居虎。', cut_all = False)
print('精准模式', list(list1))
list2 =jieba. cut_for_search('东北林业大学的猫科动物专家判定,这只野生东北虎属于定居虎。')
print('搜索引擎模式', list(list2))
```

程序运行结果如下：

```
全模式['东北','北林','林业','林业大学','业大','大学','的','猫科','猫科动物','动物','专家','判定','','','这','只','野生','东北','东北虎','属于','定居','虎','','']
精准模式['东北','林业大学','的','猫科动物','专家','判定',',','这','只','野生','东北虎','属于','定居','虎','。']
搜索引擎模式['东北','林业','业大','大学','林业大学','的','猫科','动物','猫科动物','专家','判定',',','这','只','野生','东北','东北虎','属于','定居','虎','。']
```

2. 词性标注

分词完成之后会进行词性标注。词性也称为词类,是词汇基本的语法属性。词性标注就是判定每个词的语法范畴,确定词性并标注的过程。例如,人物、地点、事物等是名词,表示动作的词是动词等。词性标注就是确定每个词属于动词、名词,还是形容词等词性的过程。词性标注是语法分析、信息抽取等应用领域重要的信息处理基础性工作。例如“东北林业大学是个非常有名的大学”的标注结果是“东北林业大学/名词　是/动词　个/量词　非常/副词　有名/形容词　的/结构助词　大学/名词”。

在中文句子里,有些词的词性在不同语境下可能不同,比如“研究”既可以是名词(“基础性研究”),也可以是动词(“研究计算机科学”)。

词性标注需要有一定的标注规范。常用的汉语词性编码对照表如表 6-1 所示。

表 6-1　常用词性对照表

词性编码	词性名称	词性编码	词性名称
a	形容词	p	介词
c	连词	q	量词
d	副词	r	代词
m	数词	v	动词
n	名词	w	标点符号
nr	人名	y	语气词
ns	地名	z	状态词
o	拟声词	t	时间
ul	助词	x	未知符号

对中文分词并标注词性,可以使用 jieba. posseg 模块。jieba. posseg. cut() 方法能够同时完成分词和词性标注两个功能。cut 方法返回一个数据序列,数据序列包含 word 和 flag 两个序列。word 是分词得到的词语,flag 是对各个词的词性标注。

【例 6-2】中文分词并标注词性。

【例 6-2 解答】

程序代码如下:

```
import jieba.posseg as pseg
seg_list = pseg.cut("今天我终于看到了南京市长江大桥。")
result = ' '.join(['{0}/{1}'.format(w,t) for w,t in seg_list])
print(result)
```

程序运行结果如下：

```
今天/t 我/r 终于/d 看到/v 了/ul 南京市/ns 长江大桥/ns o/x
```

6.1.2 文本预处理

文本预处理是一项在处理文本数据之前要做的重要工作，类似于发送电子邮件前对邮件的错别字进行检查。

文本预处理包含一系列的步骤，从而使文本数据更容易被计算机理解和分析。具体步骤包括：

① 去除噪声。去除不必要的内容，就像在写作中删除错别字一样。

② 分词。把长长的文本拆分成单词或短语，就像把一句话拆成一个个单词。

③ 转换为小写。把所有的字母都变成小写，以确保不同大小写的单词被认为是相同的。

④ 移除停用词。去掉如“和”“在”“是”等不太重要的词。

⑤ 词干提取或词形还原。把单词变成它们的基本形式，比如把“跑步”和“跑了”都变成“跑”。

文本预处理有助于在进行文本分析时更精准地找到信息，减少干扰，使分析更加准确和有效。

6.1.3 文本分类

文本分类是将文本按照内容或主题分类。

例如，文本分类可将大量新闻文章自动分类到体育、科技、娱乐等不同的类别。

文本分类用途很广，比如：搜索引擎可以使用文本分类来帮用户找到想要的信息；电子邮件过滤器可以使用文本分类自动把垃圾邮件分类到垃圾箱；社交媒体可以使用文本分类，根据用户的兴趣为其推荐不同的内容。

文本分类需要计算机学习一些规则,然后根据这些规则来判断文本应该属于哪个类别。这样,计算机可以帮助用户更轻松快速地组织和理解大量的文本信息。

6.1.4 情感分析

情感分析可以帮助计算机理解文本或语言中的情感,比如是积极的(高兴、喜悦等)还是消极的(生气、难过等)。

情感分析通常使用计算机程序来分析文本中的词语、短语和句子,然后根据其中包含的积极或消极情感来作出判断。

情感分析可用于了解人们在社交媒体上的情感、产品评论的态度以及新闻报道的情感色彩等。在社交媒体、市场研究等领域中都有很多应用。

6.1.5 应用案例

自然语言处理是一项非常有趣的技术,它让计算机能够理解和使用人类的语言。这项技术在许多领域都有应用。

① 搜索引擎。自然语言处理可帮助搜索引擎理解用户的提问,然后提供相关的搜索结果。

② 社交媒体。自然语言处理可以检测和阻止社交媒体上不友好的评论,保护用户的在线体验。

③ 虚拟助手:虚拟助手使用自然语言处理来回答用户的问题,执行任务。

④ 智能聊天机器人:一些网站和应用程序使用聊天机器人来与用户进行交流,帮助用户获得信息或完成任务。

⑤ 智能医疗保健:自然语言处理可用于解析医疗记录,辅助医生作出诊断和提出治疗建议。

⑥ 智能教育软件:自然语言处理可以用来创建智能教育软件,根据学生的需求为其提供个性化的学习建议。

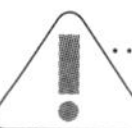

在 Python 开发环境下，常用的自然语言处理的开发工具有 NLTK、spaCy、TensorFlow 和 PyTorch 等。

6.2

计算机视觉

计算机视觉(Computer Vision)是人工智能领域的一个分支,专注于使计算机能够理解、分析和处理图像和视频数据。

6.2.1 基础知识

1. 图像

认识数字图像需了解下列图像基础概念。

(1) 像素

数字图像,例如手机里的照片或图像是由一个个小小的颜色点组成的。这些颜色点被称为像素,如图 6-1 所示。

像素是图像的基本构建块。每个像素都有特定的位置和颜色。

图 6-1　组成数字图像的像素

（2）分辨率

分辨率是指图像单位面积上的像素数量。分辨率越高，说明单位面积内的像素越多，意味着图像越清晰。

（3）颜色深度

颜色深度，也称为位深，指图像中每个像素的颜色信息所占的二进制数位数，可决定可以显示的颜色数量。比如，一幅黑白照片的颜色深度为1，表示颜色信息占1位二进制位数，可表示两种颜色，即黑色和白色。常见的颜色深度有1位、8位、16位、24位和32位等。

（4）图像文件格式

图像文件格式是指图像文件的保存格式，如JPEG、PNG、GIF等。不同图像文件格式在保存图像时使用不同的压缩和编码方法，相应的图像质量和文件大小也不同。

（5）图像编辑软件

图像编辑软件可以让我们修改、增强和创造图像。图像编辑软件种类很多，功能有的简单，有的复杂。

2. 视频

视频由一系列快速连续播放的图像（也称为帧）组成，如图6–2所示。

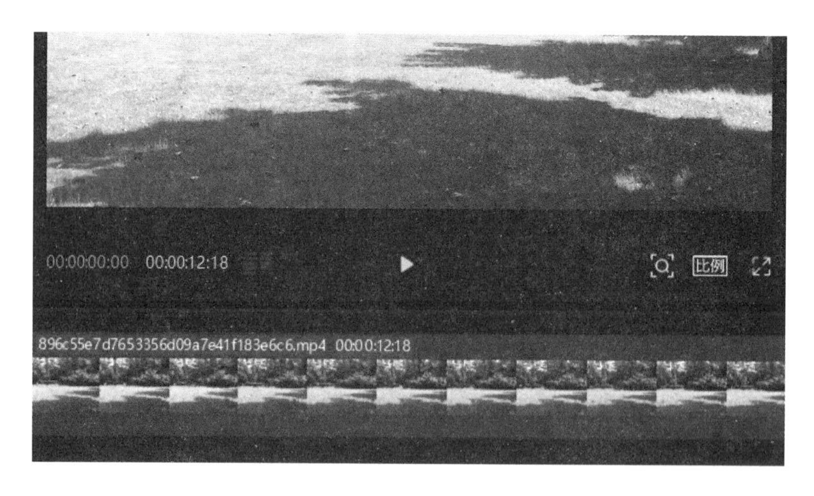

图 6–2　多个帧组成的视频

（1）分辨率

视频的分辨率表示每一帧单位面积内的像素数量。分辨率越高的视频通常越清晰，同时，文件也越大。

（2）帧速率

帧速率是指每秒播放的帧数，单位为“帧每秒”（fps）。标准电影通常以24帧每秒的帧速率播放，而流畅的视频有的以60帧每秒的帧速率播放。

（3）编解码器

一般，视频文件需要经过编、解码过程，以便将视频压缩成更小的文件来播放。不同的编、解码器会影响视频的质量和文件大小。

（4）视频编辑软件

目前有许多视频编辑软件，可以对视频进行剪辑、添加音乐和特效，帮助用户创作自己的视频。

（5）流媒体

流媒体是一种实现视频“边下载边播放”的视频技术。

6.2.2 图像特征提取

人工智能处理图像和视频的前提是能对图像进行特征提取。

1. 图像特征

图像特征是图像中的重要信息或特点，如图像中的对象、颜色和形状等。计算机用图像特征来理解图像。

2. 提取图像特征的目的

提取特征的目的是帮助计算机更好地理解图像。例如，计算机能提取出猫的轮廓、颜色模式、眼睛的位置等特征，那么计算机可以根据这些特征识别出各种图片中的猫。

3. 常见的图像特征

图像特征有很多类型，包括边缘、颜色直方图、纹理、角点、形状等。这些特征可以帮助计算机区分不同的图像对象和场景。图6–3所示是使用深度学习模型 VGGNet 对原始图像进行特征提取，处理到第 18 层得到的特征结果。

（a）原始图像

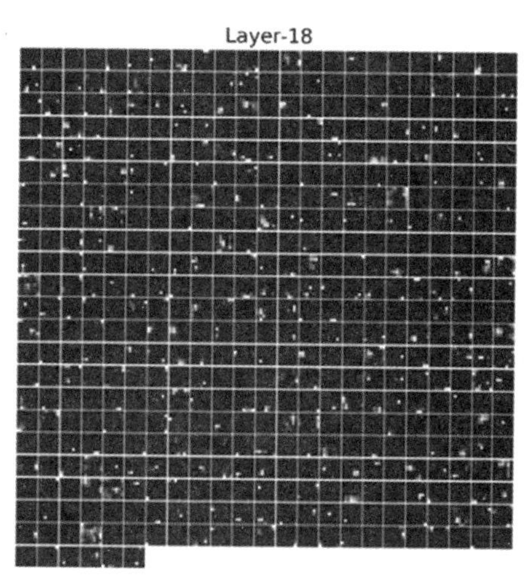

（b）图像特征结果

图 6–3　VGGNet 模型第 18 层提取的图像特征

4. 提取图像特征的技术和方法

提取特征通常需要使用图像处理技术和算法。例如，边缘检测算法可以帮助找到图像中的边缘，颜色直方图可以帮助了解图像的颜色分布。

6.2.3 图像分割

图像分割是计算机视觉领域的重要技术，能让计算机更好地理解和处理图像。

图像分割就是将一张图像分成不同的部分或区域，以便更好地理解图像的内容，如图 6–4 所示。

图像分割通常使用计算机视觉和图像处理技术来实现，包括边缘检测、颜色分析、区域生长等方法。计算机会根据图像的特点和目标来确定如何划分图像。

例如，在医学影像中，医生可以使用图像分割来识别和分析身体器官的位置和形状。在自动驾驶领域中，图像分割可以帮助车辆识别道路、车辆和行人。

图 6-4　车牌图像分割

6.2.4 目标检测

目标检测可以让计算机找出图像或视频中的特定物体。

计算机通过学习图像中物体的特征和模式来进行目标检测。这会涉及使用深度学习算法，如用卷积神经网络（CNN）来训练计算机识别特定物体的模式。

【例 6-3】使用 OpenCV 实现人脸检测。

【例 6-3 解答】

OpenCV 是一个开源的、支持多种与计算机视觉相关算法的库。OpenCV 可以在不同的平台上使用，包括 Windows、Linux、Android 和 iOS 等。

OpenCV Python 是 OpenCV 的 Python 接口，是用基于 C++实现的 OpenCV 构成的 Python 包。OpenCV Python 与 NumPy 兼容，这使得 OpenCV 更容易与其他库（如 SCIPY 和 Matplotlib）集成。

OpenCV 用 C++ 语言编写，主要支持 C++ 语言。OpenCV 还有针对 Python、Java 和 MATLAB 等环境的接口，目前也提供对于 C#、Ruby、GO 的支持。

检测图像或视频中的人脸通常使用 Haar 特征分类器。Haar 特征分类器是一个 XML 文件，该文件描述人体各个部位的 Haar 特征值，包括人脸、眼睛、嘴唇等。Haar 特征分类器文件存放在 OpenCV 安装目录中的 \data\haarcascades 目录下，一般包括多个分类器，如图 6-5 所示。

« conda › pkgs › libopencv-3.4.2-h20b85fd_0 › Library › etc › haarcascades

名称	类型	大小
haarcascade_eye.xml	XML 文档	334 KB
haarcascade_eye_tree_eyeglasses.xml	XML 文档	588 KB
haarcascade_frontalcatface.xml	XML 文档	402 KB
haarcascade_frontalcatface_extended.xml	XML 文档	374 KB
haarcascade_frontalface_alt.xml	XML 文档	661 KB
haarcascade_frontalface_alt_tree.xml	XML 文档	2,627 KB
haarcascade_frontalface_alt2.xml	XML 文档	528 KB
haarcascade_frontalface_default.xml	XML 文档	909 KB
haarcascade_fullbody.xml	XML 文档	466 KB
haarcascade_lefteye_2splits.xml	XML 文档	191 KB
haarcascade_licence_plate_rus_16stages.xml	XML 文档	47 KB
haarcascade_lowerbody.xml	XML 文档	387 KB
haarcascade_profileface.xml	XML 文档	810 KB
haarcascade_righteye_2splits.xml	XML 文档	192 KB
haarcascade_russian_plate_number.xml	XML 文档	74 KB
haarcascade_smile.xml	XML 文档	185 KB
haarcascade_upperbody.xml	XML 文档	768 KB

图 6-5　OpenCV 的常见分类器

我们可以根据分类器文件的名称分辨分类器的用途。例如其中 haarcascade_frontalface_alt. xml 与 haarcascade_frontalface_alt2. xml 可以作为人脸识别的 Haar 特征分类器。

还可以使用 OpenCV 中的 detectMultiScale 函数，检测出图片中所有的人脸，并用 vector 保存各张面孔的坐标、大小(用矩形表示)。该函数由分类器对象调用。

detectMultiScale 函数格式如下：

void detectMultiScale(const Mat& image, CV_OUT vector < Rect > & objects, double scaleFactor = 1.1, int minNeighbors = 3, int flags = 0, Size minSize = Size(), Size maxSize = Size())

主要参数包括：

① image。待检测图片，一般为灰度图像，检测速度较快。

② objects。被检测物体的矩形框向量组。

③ scaleFactor。在前后两次的扫描中，搜索窗口的比例系数。默认为 1.1，即每次搜索窗口依次扩大 10%。

④ minNeighbors。表示构成检测目标的相邻矩形的最小个数，默认为 3 个。

⑤ flags。默认值 0。也可以设置为 CV_HAAR_DO_CANNY_PRUNING，则函数使用 Canny 边缘检测来排除边缘过多或过少的区域。

⑥ minSize，maxSize。限制目标区域的范围。

人脸检测的程序代码如下：

```
import cv2
cascPath = r"haarcascade_frontalface_alt2.xml"
faceCascade = cv2.CascadeClassifier(cascPath)
cap = cv2.VideoCapture(0)
while(True):
    ret, img = cap.read()
    faces = faceCascade.detectMultiScale(img, 1.2, 2, cv2.CASCADE_
SCALE_IMAGE,(20, 20))
    for (x, y, w, h) in faces:
        img = cv2.rectangle(img, (x, y), (x+w, y+h), (0, 255, 0), 2)
    cv2.imshow(u"Detect faces", img)


    key = cv2.waitKey(1)
    if key & 0xFF == ord('q') or key == 27:
```

```
        break
cv2.destroyAllWindows()
cap.release()
```

6.2.5 图像分类

图像分类是一项常见的图像处理应用技术，可以让计算机识别图像中包含的物体或场景，并将它们分成不同的类别，从而帮助计算机理解和归类不同类型的图像。例如通过图像分类，计算机可以自动将大量动物照片分成狗、猫和鸟等不同的类别。

图像分类通常使用机器学习技术来实现。计算机会通过学习图像的特征和模式来辨别不同的物体或场景。

6.2.6 应用案例

计算机视觉让计算机可以像人类一样“看”和理解图像和视频。现在，计算机视觉在很多应用领域发挥着重要作用。

① 自动驾驶：自动驾驶汽车使用计算机视觉来识别道路、其他车辆、行人和交通信号。这有助于提升自动驾驶汽车的安全性并帮助驾驶员作出决策。

② 医学影像：计算机视觉可用于分析 X 射线、CT 扫描和 MRI 等医学影像，帮助医生诊断疾病。

③ 安全监控：安全摄像头使用计算机视觉来监视建筑物、公共场所和交通路口，以检测异常行为并发出警报，提高各种场所的安全性。

④ 人脸识别：计算机视觉可用于识别人脸，用于解锁手机、安全检查和身份验证等。

⑤ 物体追踪：计算机视觉可实现物体追踪。物体追踪是追踪运动物体的技术，它在视频游戏、运动分析和监视系统中应用广泛。

⑥ 农业：计算机视觉可用于监测农田的健康、检测害虫并进行农作物识别，以改善农业生产。

⑦ 增强现实(AR):AR应用程序使用计算机视觉来将虚拟物体叠加在现实世界中,为游戏、教育和虚拟试衣间等提供更加丰富的体验。

⑧ 图像搜索:图像搜索引擎使用计算机视觉来识别图像中的物体或场景,以帮助用户找到与图像相关的信息。

⑨ 艺术和创意:计算机视觉也在艺术和创意领域发挥作用,例如,通过图像生成艺术品或将动画角色与真实世界合成。

计算机视觉技术正在不断地发展,将来还可能应用于更多领域。

用于计算机视觉的常见编程工具和库有OpenCV、TensorFlow和PyTorch等。

智能机器人

智能机器人涵盖人工智能、机械工程、电子工程、计算机科学等领域的知识，是一个重要的人工智能研究领域。

6.3.1 基础知识

智能机器人（也可简称“机器人”）是一种可以感知环境、理解信息、作出决策并执行任务的机器。它们外形各异，通常可用来协助人类开展自动化工作或完成具有危险性的任务，如图 6-5 所示。

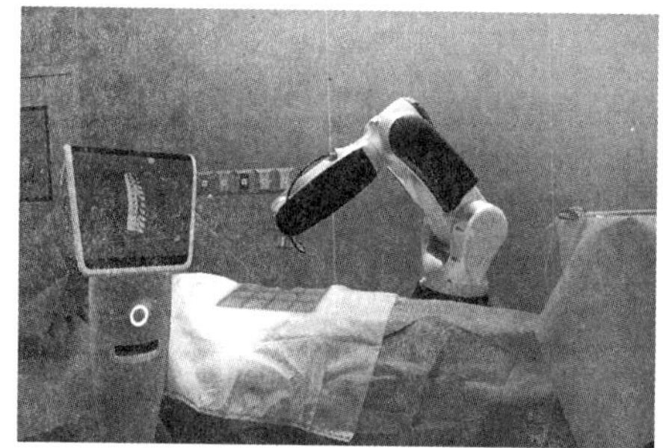

图 6-5　智能机器人

1. 环境感知

机器人配备有多种传感器，如摄像头、声音传感器和触摸传感器等，可感知周围的世界。

2. 理解信息

机器人使用计算机程序和人工智能技术来处理感知到的信息，从而可以识别物体、声音、文字甚至人类的语言。

3. 作出决策

基于对环境的理解，机器人可以作出决策。例如，机器人可以决定避开障碍物、抓取物体、播放音乐或回答问题。

4. 执行任务

一旦作出决策，机器人可以执行各种任务，例如在工厂中组装汽车、在医院中协助开展手术、在家中打扫房间卫生，甚至在太空中进行探索。

6.3.2 机器人感知

机器人感知是指机器人使用传感器来感知其周围环境的过程。就像我们用眼睛、耳朵和皮肤来感知世界一样，机器人使用各种传感器来感知周围的环境信息。

机器人常用的传感器，如表 6–2 所示。

表 6–2　机器人常用的传感器

机器人的感官或功能	常用的传感器
视觉	图像传感器、红外传感器、微镜
嗅觉	气味传感器
触觉	触控传感器
体感	温度传感器、湿度传感器
压感	压力传感器
定位	惯性器件、电子罗盘
收音	话筒
发音	扬声器

机器人的感知能力非常重要。因为只有了解周围环境，机器人才能作出正确的决策，并执行任务。

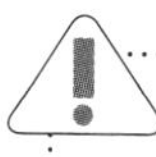

机器人会使用计算机程序来处理传感器感知到的信息。这个过程可能使用到图像分析、声音识别、距离测量等技术。

例如智能扫地机器人,它配备有触摸传感器,可以“感知”是否撞到了墙壁;配备有摄像头,可以“看”到地板上的脏东西;还配备有声音传感器,可以“听”出是否有障碍物。这些传感器让机器人能够避免碰撞、清理地板并返回充电站。

机器人感知是使机器人变得智能和有用的关键部分。它使机器人能够与人类世界互动,并在各种情况下作出明智的决策。

6.3.3 机器人运动控制

机器人运动控制是指机器人如何控制自己的运动,包括移动、旋转和执行任务。

1. 传感器和执行器

为了控制运动,机器人通常配备有传感器和执行器。传感器可以帮助机器人感知周围的环境。执行器则负责执行动作,例如电机可以让机器人的轮子旋转。

2. 路径规划

机器人可以使用路径规划算法和避障算法来选择最佳路径,避开障碍物并达到目标位置。

3. 反馈控制

机器人通常会不断地检查自己的运动,并根据传感器的反馈调整运动。反馈控制保证机器人可以自己纠正错误,从而完成预定的目标。

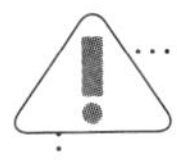

研究机器人的运动控制，需要研究包括轮式机器人、足式机器人和机械臂的运动学和动力学。

机器人运动控制是使机器人能够执行各种任务的关键部分，在生产制造、医疗手术、物流等领域发挥着重要作用。

6.3.4 人机交互

智能机器人中，人机交互是指机器人与人类之间的互动和合作，这是非常重要的环节，是机器人与人类进行沟通和合作的重要桥梁。

机器人可以通过多种方式与人类进行交互，包括语音、触摸、手势和视觉。例如，人可以通过语音告诉智能助手机器人要执行的任务，或者通过触摸屏控制机器人完成特定的动作。

人机交互的基础是机器人能够理解人类的指令和需求，然后作出适当的响应，这涉及语音识别、自然语言处理和人脸识别等技术。

人机交互可实现机器人与人一起执行任务。例如在工业制造中，机器人可以与工人合作组装产品；在医疗保健中，手术机器人可以协助医生进行手术。

智能机器人的人机交互是使机器人更加有用和友好的关键部分。实现了人机交互，机器人才可以成为我们生活中的伙伴。

6.3.5 应用案例

智能机器人在许多领域应用广泛。

1. 医疗保健

智能机器人在医疗领域中扮演着重要角色。例如手术机器人可以协助医生做精确的手术，减少创伤和缩短康复时间。有的机器人可以用于康复治疗、药物分发和病人监测。

2. 教育

在教育领域,智能机器人可以作为教育助手,帮助学生学习数学、编程、语言和科学。它们可以为学生提供互动教学和个性化学习体验。

3. 工业制造

在工业制造中,机器人可用于自动化生产线,组装汽车、电子设备和其他产品。它们可以提高生产效率和质量。

4. 自动驾驶

智能机器人技术在自动驾驶领域中发挥着关键作用。现在,自动驾驶汽车可以感知道路和其他车辆、自主导航,这有助于提高道路的安全性和交通效率。

5. 家庭服务

智能机器人可以用于家庭服务,如扫地机器人、智能家居系统和老年护理机器人。它们可以帮助家庭保持清洁,提供安全监控,并帮助照顾需要关怀的人。

6. 娱乐

智能机器人在娱乐领域中也有应用,例如机器人足球比赛、电子游戏中的虚拟角色等。

7. 农业

在农业中,机器人可用于自动化种植、收割、除草和监测农作物的生长情况。现在,一些机器人还被设计用于清理污染、监测气象、探索海洋深处和执行救援任务等。

智能机器人还在不断发展和改进,未来会为各行各业带来更多创新和便利。

人工智能生成内容

2022年底,ChatGPT聊天机器人风靡世界。ChatGPT能理解和学习人类语言来与人进行对话。

ChatGPT的核心技术是人工智能生成内容(Artificial Intelligence Generated Content ,AIGC)技术。这项技术可以使机器自动创建文本、图像、音乐、视频和其他类型的内容。

6.4.1 人工智能生成内容的基本原理

人工智能生成内容可以分为文本生成(生成文章和故事)、图像生成(创造图像和艺术品)、音乐生成(音乐作曲)以及视频生成(制作视频内容)等。

人工智能生成内容技术是通过学习大量的数据,总结规则和模式,然后据此生成内容的。例如,一个文本生成的人工智能模型可以学习成千上万本书,然后生成新的文章或故事。

6.4.2 应用案例

1. 自动化写作

人工智能生成内容在自动化写作领域有着广泛的应用。新闻机构可以使用它来自动生成新闻报道,电子商务网站可以使用它来自动生成产品描述,作家也可以使用它来获得创作灵感。

2. 自然语言翻译

自然语言翻译是人工智能生成内容的重要应用领域。在线翻译等自动翻译工具使用它来将一种语言翻译成另一种语言,使跨语言交流变得更加容易。

3. 广告和营销

在广告和营销领域,人工智能生成内容可以用于自动生成广告文案、社交媒体帖子和电子邮件内容。

4. 自动文本摘要

人工智能生成内容中的文本生成技术可以用来自动生成文章或文档的摘要,可帮助读者快速了解大量文本中的重要内容。

5. 虚拟助手和智能聊天机器人

聊天机器人使用人工智能生成内容来理解用户的问题并提供回答。

6. 编程辅助

编程人员可以使用人工智能生成内容来自动生成代码文档、注释和代码段,提高编程效率。

7. 创意和艺术

人工智能生成内容也可用于生成艺术品、音乐和诗歌,为创作者提供灵感。

8. 教育

在教育领域,人工智能生成内容可以用于创建自定义教材、在线教育资源和练习题等。

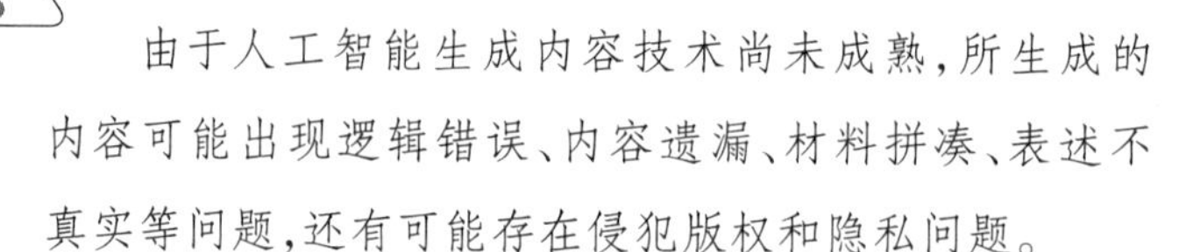

由于人工智能生成内容技术尚未成熟,所生成的内容可能出现逻辑错误、内容遗漏、材料拼凑、表述不真实等问题,还有可能存在侵犯版权和隐私问题。

我们在使用人工智能生成内容技术时,需要科学严谨地审查生成结果,并评估所生成内容的质量。

6.5

人工智能安全挑战

6.5.1 现阶段人工智能安全问题

1. 人工智能的安全隐患

作为一项发展中的新兴技术,人工智能技术当前还不够成熟。某些技术缺陷会导致人工智能系统出现安全隐患。例如深度学习采用的黑箱模式会使模型可解释性不强;机器人、无人智能系统的设计、生产不当会导致运行异常等。另外,如果安全防护技术或措施不完善,一旦人工智能系统受到非法入侵和控制,这些人工智能系统就有可能失控,作出对人类有害的行为。例如自动驾驶汽车行驶途中,若出现不正确的"决策",很有可能造成巨大的经济损失,甚至危害人类的生命健康。

技术滥用也会引发安全威胁。例如,恶意使用人工智能可能会导致系统被侵入、黑客攻击、私人信息泄漏。又如有人利用 AI 换脸技术传播诈骗和虚假信息,让人们难以区分真假。

2. 误判和偏见问题

人工智能的决策和判断依赖于训练数据。如果训练数据存在误差或偏见,那么人工智能就会产生误判和偏见,导致不公正的结果。例如,在人脸识别技术中,人工智能系统可能会因为肤色、性别等因素而出现识别错误;在信用评估系统中,人工智能系统可能会因为某个人的个人背景、所在地区等因素而作出不公正的评估。

3. 道德和伦理问题

人工智能安全问题也涉及道德和伦理问题。例如,人脸识别技术可能侵犯个人隐私权;自动化决策可能带来不公正等问题。特别地,如果机器人发展到高级阶段,可以与人自然地进行沟通与交流,那么人与机器人可能会产生爱情、亲情等情感,进而导致情感伦理问题的出现。

4. 数据采集中的隐私侵犯问题

随着各类数据采集设施的广泛使用,智能系统不仅能采集用户的语音、指纹、心跳等生理特征,还可能采集用户的生活习惯、购物喜好、聊天记录、支付账号等。

这意味着智能系统掌握了大量的个人信息。如果智能系统滥用这些信息,就会造成用户的隐私受到侵犯。

6.5.2 人工智能伦理规范

我国将伦理规范作为促进人工智能发展的重要保证措施,不仅重视人工智能的社会伦理影响,而且通过制定伦理框架和伦理规范,来确保人工智能安全、可靠、可控。

为进一步加强人工智能相关法律、伦理、标准和社会问题的研究,新一代人工智能发展规划推进办公室成立新一代人工智能治理专业委员会,于2019年6月发布《新一代人工智能治理原则——发展负责任的人工智能》,提出人工智能治理框架和行动指南,强调和谐友好、公平公正、包容共享、尊重隐私、安全可控、共担责任、开发协作、敏捷治理等八项原则。

2019年8月,中国人工智能产业发展联盟发布了《人工智能行业自律公约》,旨在树立正确的人工智能发展观,明确人工智能开发利用基本原则和行动指南,从行业组织角度来推动人工智能伦理自律。

2021年9月25日,国家新一代人工智能治理专业委员会发布了《新一代人工智能伦理规范》(简称《伦理规范》),旨在将伦理道德融入人工智能全生命周期，为从事人工智能相关活动的自然人、法人和其他相关机构等提供伦理指引。《伦理规范》经过专题调研、集中起草、意见征询等环节，充分考虑当前社会各界有关隐私、偏见、歧视、公平等伦理关切，包括总则、特定活动伦理规范和组织实施等内容。《伦理规范》提出了增进人类福祉、促进公平公正、保护隐私安全、确保可控可信、强化责任担当、提升伦理素养等 6 项基本伦理要求。同时，提出人工智能的管理、研发、供应、使用等特定活动的 18 项具体伦理要求。

《促进新一代人工智能产业发展三年行动计划（2018—2020）》《高等学校人工智能创新行动计划》《关于促进人工智能和实体经济深度融合的指导意见》《国家新一代人工智能标准体系建设指南》等都有关于确保人工智能安全的规范要求。

单元小结

思维导图

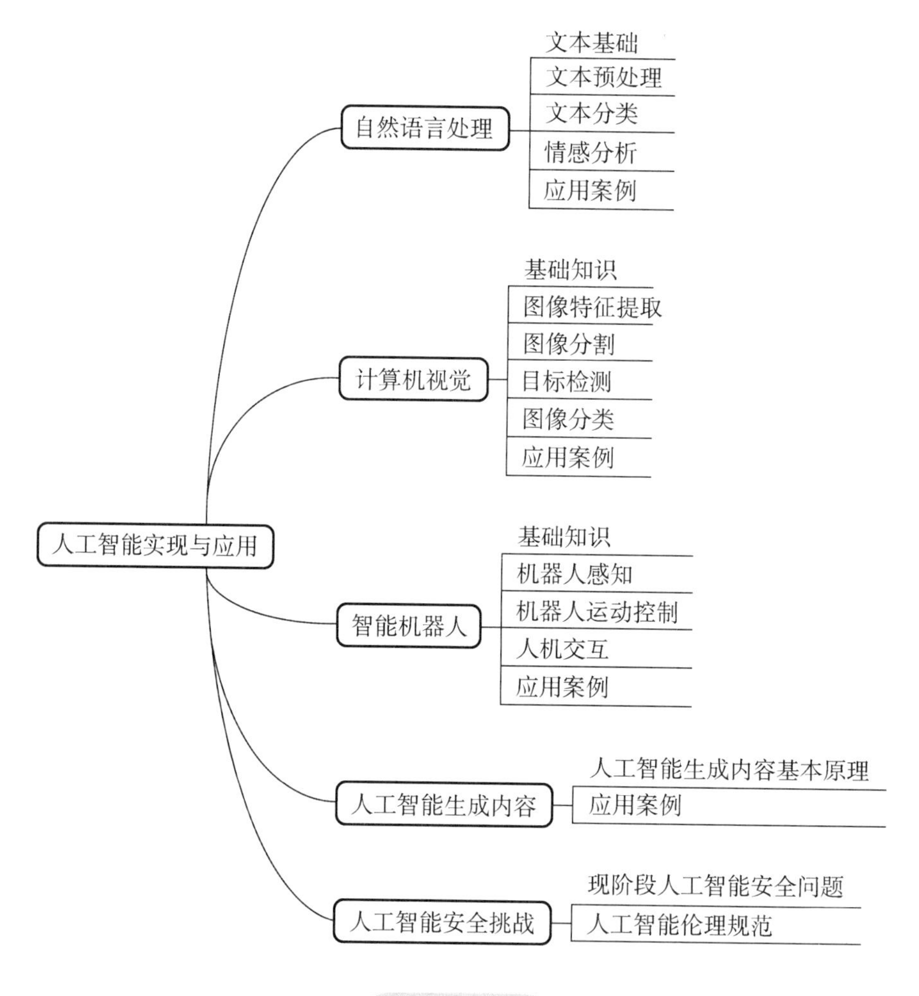

综合练习

一、单选题

1. 自然语言处理(NLP)的主要目标是________。

A. 编写计算机程序

B. 识别和理解自然语言

C. 制定新的语言规则

D. 改善网络安全

2. 机器翻译是________。

A. 一种人工智能,用于自动驾驶汽车

B. 一种 NLP 应用,将文本从一种语言翻译成另一种语言

C. 一种计算机视觉技术,用于识别物体

D. 一种社交媒体应用,用于分享图片

3. 下列选项中,________不是自然语言处理的应用。

A. 语音识别　　B. 垃圾邮件过滤

C. 股票交易　　D. 情感分析

4. 计算机视觉研究如何使计算机能够________。

A. 理解和处理数字信号

B. 理解和处理自然语言

C. 理解和处理图像和视频

D. 理解和处理音频信号

5. 深度学习在计算机视觉中的常见应用是________。

A. 语音识别　　B. 文本分类

C. 图像分类和目标检测　　D. 时间序列预测

6. 图像分割的目的是________。

A. 识别图像中的物体

B. 将图像分解为基于像素组成的区块

C. 测量图像的大小

D. 比较两个图像

7. 计算机视觉中的“特征提取”是指________。

A. 从图像中提取特征信息

B. 修改图像的大小

C. 创建新的图像

D. 对图像进行复制

8. 智能机器人的主要特征是________。

A. 能够思考和感知

B. 能够执行机械任务

C. 具有人工智能和自主性

D. 具有高度的机械复杂性

9. 智能机器人的感知能力通常包括________。

A. 视觉、听觉和触觉

B. 发声、电子邮件和传真

C. 灵敏度、创造力和决策能力

D. 手臂、腿部和关节

10. 人工智能生成内容(AIGC)是一种技术,它使用机器学习和自然语言处理来________。

A. 制造电子设备

B. 生成智能机器人

C. 创建文本、图像、音频等内容

D. 控制自动驾驶汽车

二、填空题

1. ________的主要目标是使计算机能够理解和处理自然语言。

2. 自然语言处理中的________技术可以理解文本中的情感。

3. 自然语言处理中的________技术可以判定每个词的语法范畴,确定词性并进行标注。

4. 在计算机视觉中,________技术的目标是识别和定位图像中的物体或对象。

5. 在计算机视觉中,________技术的目标是将图像分成若干个区域或分区。

6. 机器人的________能力使其能够感觉和理解其周围的环境。

7. ________技术可用于自动创建新闻文章、广告文案、社交媒体帖子等内容。

参考答案

一、单选题

1. B　2. B　3. C　4. C　5. C　6. B　7. A　8. C　9. A　10. C

二、填空题

1. 自然语言处理　2. 情感分析　3. 词性标注　4. 目标检测　5. 图像分割　6. 感知　7. 人工智能生成内容

附录一 数字素养框架

今天我们处在从数字化到数据化再到智能化剧烈转型的时代。这个时代催生了随处可见的机会,也带来了日益扩大的数字鸿沟。提升全民数字素养与技能水平,是提升国民素质、促进人的全面发展的战略任务,是实现从网络大国迈向网络强国的必由之路,是弥合数字鸿沟、促进共同富裕的关键举措,也是摆在我们教育界面前的重大机遇和挑战。

数字素养框架(digital literacy framework,DLF)是面向全民的全面、结构化的数字能力定义体系,共分为 8 大领域,30 个关键点。

领域 1 通用数字设备和应用软件

◆ **使用智能电子设备:** 操作智能手机、平板电脑、智能家电等智能化设备。

◆ **使用通用计算机设备:** 操作通用的个人计算机。

◆ **使用常用应用软件:** 操作常用的应用软件,包括办公软件、图形图像工具、通信协同工具等。

领域 2 信息与数据

◆ **浏览、搜索和筛选信息与数据:** 在数字环境中浏览各种信息与数据,根据自身需求搜索有用的信息与数据,在多种格式及媒介的信息与数据中导航。

◆ **分析、比较和评价信息与数据:** 分析、比较和批判性地评价信息与数据的可信度,对信息和数据进行综合性的分析,以得出相对可信的结论。

◆ **管理信息与数据:** 在数字环境中组织、存储和使用信息与数据,必要时对它们做结构化组织、清洗和加工。

领域 3 沟通与协作

◆ **管理数字身份:** 创建和管理自己的一个或多个数字身份,能够保护自己的数字声誉,能够处理自己的数字身份产生的数据。

◆ **使用数字技术互动:** 使用数字技术进行沟通和互动。

◆ **使用数字技术分享:** 使用数字技术与他人分享信息、数据与数字内容,了解引用和注明出处的方式方法。

◆ **使用数字技术协同:** 使用数字技术实现多人协同,包括对协同的促进和对协同环境中产生的信息、数据与数字内容的管理。

◆ **使用数字公共服务:** 定位和使用政府及其他组织提供的数字化公共服务,了解在此过程中保护自身数字权益的方法。

◆ **网络礼仪:** 了解数字环境中使用数字技术与互动的行为规范和具体做法;了解并尊重数字环境中的文化与代际多样性,制定与特定受众相匹配的沟通策略及规范。

领域 4　创建数字内容

◆ **创作数字内容:** 创作和编辑不同格式与媒体形式的数字内容,使用数字工具表达自己的想法。

◆ **数字内容再创作:** 修改、精炼、整合、改进已有的信息与数字内容,以创建相关的新内容和新知识。

◆ **版权与许可:** 理解版权与许可应用于数据、信息和数字内容的原理和实践,保证数字内容的创建与传播合规合法。

领域 5　构建数字工具

◆ **规划与设计数字工具:** 理解现实世界和数字世界的需求,设计可实现的、有助于提升数字环境运作效率的软件工具。

◆ **创建数字工具:** 规划和创建计算机系统可理解的指令,实现解决问题或完成任务的软件工具。

◆ **管理数字工具:** 对数字工具的使用者提供持续运营、服务、技术支持和系统维护。

领域6　数字安全

◆ **对数字设备的保护**：保护设备与数字内容，理解数字环境中的风险与威胁；了解安全与安保措施，适当考虑可靠性与隐私。

◆ **对个人数据与隐私的保护**：保护数字环境中的个人数据与隐私；理解使用和分享个人身份信息的安全方式，以保护自己与他人利益不受损害；能够理解数字服务的"隐私政策"，尤其是个人数据将被如何使用。

◆ **对个人健康与福祉的保护**：能够在使用数字技术时，避免其对身心健康造成威胁；能够在数字环境中保护自己与他人利益不受损害；了解数字技术对社会福祉与社会融入的作用。

◆ **对环境的保护**：了解数字技术及其使用对环境的影响。

领域7　数字思维与问题解决

◆ **解决技术问题**：确认和解决操作设备与使用数字环境过程中的技术问题（从故障检测到解决复杂问题）。

◆ **设计技术解决方案**：分析问题和评估需求，评估、选择和运用数字工具形成可行的解决方案以满足需求；必要时调整和定制数字环境以满足需求。

◆ **创造性地使用数字技术**：使用数字工具与技术创造知识、创新流程与产品。

◆ **数字素养提升**：理解自己需要在哪些方面提升数字素养；能够支持他人提升数字素养；紧跟数字化发展潮流，寻求自我发展的机会。

◆ **计算思维**：将可计算的问题转化为一系列有逻辑顺序的步骤，为人机系统提供解决方案。

◆ **数据思维**：掌握通过数据分析得到结论的原理、方法、工具及其局限性；能够有意识地设计数据的采集、清洗、统计、分析方案来验证自己的猜想和理论。

领域8　特定职业相关

以下两点用于特定职业、专业领域的能力扩展与派生。

◆ **使用特定专业领域数字技术与工具。**

◆ **解释和运用特定专业领域数据、信息和数字内容。**

本框架的领域1～7均为通用领域,一般情况下不针对特定行业,也不需要进行派生或定制;在应用于特定行业时,如需针对行业特色的能力进行定义,可以使用领域8。

附录二 推荐阅读书单

1. 《图解机器学习算法》

   【日】秋庭伸也,【日】杉山阿圣,【日】寺田学　著

   人民邮电出版社,2021

2. 《算法图解》

   【美】巴尔加瓦　著

   人民邮电出版社,2017

3. 《算法第一步(Python 版)》

   叶蒙蒙　著

   电子工业出版社,2020

4. 《大话数据结构》

   程杰　著

   清华大学出版社,2021

5. 《我的第一本算法书》

   【日】石田保辉,【日】宫崎修一　著

   人民邮电出版社,2020

6.《这就是 ChatGPT!》

【美】斯蒂芬 · 沃尔弗拉姆　著

人民邮电出版社,2023

7.《人工智能与 ChatGPT》

范煜　编著

清华大学出版社,2023

8.《深度学习》

【美】伊恩 · 古德弗洛,【加】约书亚 · 本吉奥,【加】亚伦 · 库维尔　著

人民邮电出版社,2017

9.《机器学习》

周志华　著

清华大学出版社,2017

10.《动手学深度学习(PyTorch 版)》

阿斯顿 · 张,李沐,【美】扎卡里 · C. 立顿,【德】亚历山大 · J. 斯莫拉　著

人民邮电出版社,2017